21世纪应用型本科院校系列教材

MATLAB语言基础

主 编　李军成　杨　炼　刘成志

参 编　陈国华　罗志军　龙承星

　　　　龙志文　邓　华　廖小莲

扫码加入读者圈，轻松解决重难点

 南京大学出版社

内容简介

本书以夯实学生的 MATLAB 语言基础,为后续利用 MATLAB 解决实际工程问题打下坚实基础为主要目的。全书共分 10 章,分别是 MATLAB 工作环境、MATLAB 数据运算基础、MATLAB 矩阵分析与处理基础、MATLAB 数据统计分析基础、MATLAB 程序控制结构基础、MATLAB 绘图基础、MATLAB 图像处理基础、MATLAB 数值计算基础、MATLAB 最优化问题求解基础、MATLAB 符号运算基础。各章后面都配备了习题和实验,便于学生巩固和消化所学知识,培养学生的实践应用能力。

本书可作为地方高校各理工科大学生学习的教材,也可作为广大工程技术与科研人员的参考书。

图书在版编目(CIP)数据

MATLAB 语言基础 / 李军成,杨炼,刘成志主编. —
南京:南京大学出版社,2022.3
ISBN 978 - 7 - 305 - 25311 - 9

Ⅰ.①M… Ⅱ.①李… ②杨… ③刘… Ⅲ.①
Matlab 软件 Ⅳ.①TP317

中国版本图书馆 CIP 数据核字(2022)第 007752 号

出版发行　南京大学出版社
社　　址　南京市汉口路 22 号　　邮　编　210093
出版人　金鑫荣
书　　名　**MATLAB 语言基础**
主　　编　李军成　杨　炼　刘成志
责任编辑　吴　华　　　　　编辑热线　025 - 83596997
照　　排　南京开卷文化传媒有限公司
印　　刷　丹阳兴华印务有限公司
开　　本　787×1092　1/16　印张 12　字数 289 千
版　　次　2022 年 3 月第 1 版　2022 年 3 月第 1 次印刷
ISBN 978 - 7 - 305 - 25311 - 9
定　　价　36.00 元

网　　址:http://www.njupco.com
官方微博:http://weibo.com/njupco
微信服务号:njuyuexue
销售咨询热线:(025)83594756

扫码教师可免费
获取教学资源

前　言

MATLAB 语言自 1984 年由美国 MathWorks 公司推出以来,经过多年的发展,已成为一款集数值计算、符号运算及图形处理等强大功能于一体的科学计算语言,它具有人机界面好、计算功能强、编程效率高、绘图能力强、可扩展性强等诸多优点。

从数学角度看,MATLAB 涵盖了大学数学的主要课程,如数学分析(高等数学)、高等代数(线性代数)、概率统计、复变函数、微分方程、数值分析、最优化方法等等,因此 MATLAB 已在数学及其相关领域得到广泛使用,也成为国内外高校数学及其相关专业大学生、研究生必备的一门语言。

就办学定位而言,地方高校在选用教材时一般应以"实用、好用、够用"为基本原则。虽然市面上已有很多关于 MATLAB 的教材,但大多数教材要么内容繁杂、缺少针对性,要么专业性很强、缺乏通用性,不太适用于地方高校数学及其相关专业的教学。因此,我们认为有必要为地方高校数学及其相关专业编制一本"实用、好用、够用"的 MATLAB 教材。再加上我们在地方高校数学及其相关专业从事 MATLAB 的教学工作已有十余年,也积累了较为丰富的教学经验和教学心得,于是我们编制了这本《MATLAB 语言基础》。

从地方高校数学及其相关专业的实际情况出发,本书以夯实学生的 MATLAB 语言基础,为后续利用 MATLAB 解决实际工程问题打下坚实基础为主要目的。全书共分 10 章,分别是 MATLAB 工作环境、MATLAB 数据运算基础、MATLAB 矩阵分析与处理基础、MATLAB 数据统计分析基础、MATLAB 程序控制结构基础、MATLAB 绘图基础、MATLAB 图像处理基础、MATLAB 数值计算基础、MATLAB 最优化问题求解基础、MATLAB 符号运算基础。各章后面都配备了习题和实验,便于学生巩固和消化所学知识,培养学生的实践应用能力。

作为一款被广泛使用的高级语言,MATLAB 不仅是数学及其相关专业大学生必须掌握的一门语言,也是各理工科专业大学生从事科学工程计算的一个强有力工具,所以本书不仅可作为地方高校数学及其相关专业大学生学习的教材,也可作为地方高校各理工科大学生学习的教材,同样也可供广大 MATLAB 爱好者或工程技术与科研人员阅读参考。

　　本书由湖南人文科技学院的李军成、杨炼、刘成志主要负责编写,陈国华、罗志军、龙承星、龙志文、邓华、廖小莲参与书中程序运行、内容修改、文字校对等工作,全书由李军成统稿。在本书编写的过程中,得到了湖南人文科技学院的杨涤尘、易叶青、伍铁斌、刘奇飞、雷建忠、王竟竟等老师的帮助与支持,在此表示衷心感谢。编写本书时,吸取和借鉴了许多参考文献的内容,在此也对这些参考文献的作者们致以崇高的敬意。

　　湖南人文科技学院数学与应用数学省级一流本科专业建设经费、湖南人文科技学院《MATLAB 语言基础》MOOC/SPOC 课程建设经费资助了本书的出版。

　　由于时间仓促,加上作者学识水平有限,书中难免存在疏漏或不妥之处,恳请广大读者批评指正。

编　者

2021 年 6 月

目　录

第1章

MATLAB 工作环境

　　MATLAB 是 Matrix Laboratory(矩阵实验室)的缩写,经过多年的发展,其功能日益强大,版本也不断更新。自 2003 年推出 MATLAB 6.5.1 正式版以来,虽然 MathWorks 公司对 MATLAB 的开发力度不断加大,但所有更新版本都延续了 MATLAB 的基本功能。需要说明的是,本书所有操作均是在 MATLAB R2013a 版本中进行,对于更高版本的 MATLAB 同样也适用。

　　要进行 MATLAB 的各种操作,首先要准备 MATLAB 的工作环境,熟悉 MATLAB 的操作界面。本章将简要介绍 MATLAB 的安装与使用,包括 MATLAB 的安装、MATLAB 的启动、MATLAB 的退出;MATLAB 的主要窗口,包括命令窗口、工作空间窗口、M 文件编辑/调试器、图形窗口、当前文件夹窗口、历史命令窗口。

1.1　MATLAB 的安装与使用简介

1.1.1　MATLAB 的安装

　　一般地,双击 MATLAB 安装包中的 setup.exe 文件,按照弹出的窗口提示即可完成安装。

　　进入系统文件安装界面后,屏幕会显示安装进度条,安装过程可能需要较长时间。安装完成后,若需要激活 MATLAB,在操作界面根据提示选择相应的方式进行激活。

1.1.2　MATLAB 的启动

　　启动 MATLAB 系统有两种常见方法:

　　(1) 在 MATLAB 的安装路径中找到系统启动程序 matlab.exe,然后运行该程序即可启动 MATLAB 系统。

　　(2) 如果用户在桌面上建立了快捷方式,在桌面上双击快捷方式图标即可启动 MATLAB 系统。

1.1.3　MATLAB 的退出

　　退出 MATLAB 系统有两种常见方法:

（1）在 MATLAB 命令窗口中输入 exit 或 quit 命令即可退出 MATLAB 系统。

（2）单击 MATLAB 主窗口的关闭按钮即可退出 MATLAB 系统。

1.2 MATLAB 主要窗口简介

1.2.1 命令窗口

命令窗口是命令行语句和命令文件执行的主要窗口，所在系统中的位置如图 1-1 所示。在命令窗口中直接输入命令或 MATLAB 函数，系统自动反馈结果。

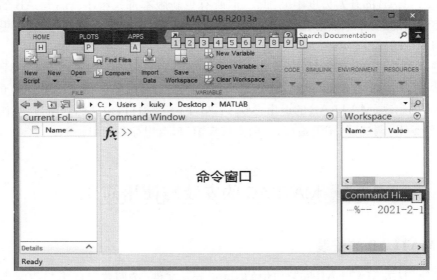

图 1-1 命令窗口

命令窗口中有关命令行环境的一些常用操作：

clc：擦去一页命令窗口，光标回到命令窗口左上角。

clear：从工作空间清除所有变量。

clf：清除图形窗口内容。

help 命令名：查询所列命令的帮助信息。

Ctrl+C：强行终止命令的运行。

上移光标键↑：调用上一行的命令。

下移光标键↓：调用下一行的命令。

左移光标键←：退后一格。

右移光标键→：前移一格。

在命令窗口中输入命令的注意事项：

（1）输入命令时，须在英文状态下输入。

（2）输入一行命令后，按回车键执行该行命令。

（3）输入一行命令后，若不需要显示执行该行命令后的结果，要在末端加上分号；若需要显示执行该行命令后的结果，则不要在末端加上分号。

1.2.2　工作空间窗口

工作空间窗口是 MATLAB 的一个变量管理中心，可以显示变量的名称、尺寸、字节和类别等信息，同时用不同的图标表示矩阵、字符数组、元胞数组、构架数组等变量类型，所在系统中的位置如图 1-2 所示。

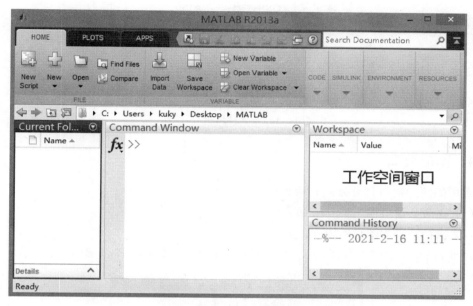

图 1-2　工作空间窗口

> **说明**：工作空间窗口中的变量数据是存储在内存中，一旦退出 MATLAB，工作空间窗口中的变量数据将被全部释放。另外，用户可在工作空间窗口中利用鼠标的右键对变量进行修改、复制、删除、重命名等编辑操作。

1.2.3　M 文件编辑/调试器

M 文件编辑/调试器主要用于建立命名文件或函数文件，单击主窗口左上角的"New Script"按钮或在命令窗口中输入 edit 后回车即可打开 M 文件编辑/调试器，如图 1-3 所示。

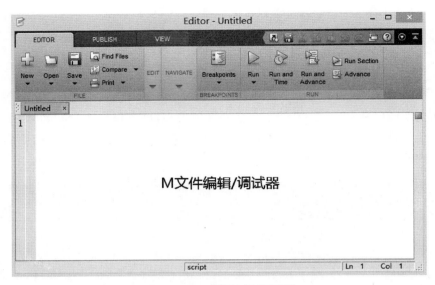

图 1 - 3   M 文件编辑/调试器

1.2.4   图形窗口

常用的图形窗口打开方式有两种：

(1) 在命令窗口输入 figure 命令。

(2) 执行结果为图形的语句。

例如，在命令窗口中直接输入 figure，即可打开一个图形窗口，如图 1 - 4 所示。

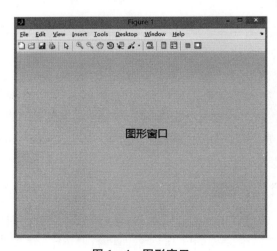

图 1 - 4   图形窗口

1.2.5   当前文件夹窗口

当前文件夹窗口主要用于显示存储的命令文件、函数文件、数据文件、图形文件等等，所在系统中的位置如图 1 - 5 所示。

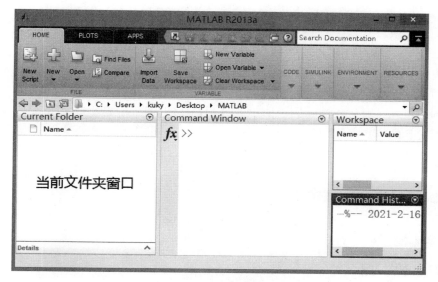

图 1-5　当前文件夹窗口

> **说明:** 为了便于管理文件和数据,用户可以将任意的文件夹设置为当前文件夹,但只有在当前文件夹或搜索路径下的文件、函数才能被运行或调用。对于初学者,一般不建议修改当前文件夹的路径。

1.2.6　历史命令窗口

历史命令窗口用于显示用户已执行过的命令,用户可以在历史命名窗口中利用鼠标的右键对执行过的命名进行复制、删除、剪切等操作,所在系统中的位置如图 1-6 所示。

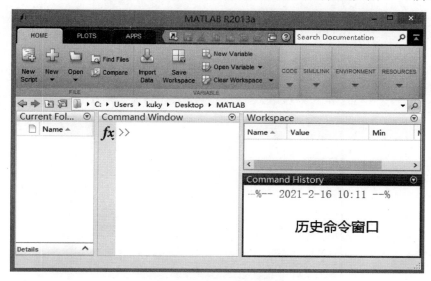

图 1-6　历史命令窗口

1.3 MATLAB 主要功能演示

下列通过几个有代表性的例子演示 MATLAB 的一些主要功能,目的是使初学者领略 MATLAB 的特点。

例 1-1 当 $x = 3$ 时,计算 $y = \dfrac{\sqrt{x} + x\mathrm{e}^x}{\ln x}$ 的值。

在命名窗口中输入如下命令:

```
x = 3;   % 对变量 x 进行赋值
y = (sqrt(x) + x * exp(x)) /log(x)   % 调用 MATLAB 常用的函数计算表达式的值
```

执行命令后,返回结果:

```
y =
    56.4245
```

说明: 在 MATLAB 命令后面可以加上注释,用于解释或说明命令的含义。注释以 % 开头,后面是注释的内容,对命令执行结果无任何影响。

例 1-2 绘制函数 $y = x^2 + 1 (-1 \leqslant x \leqslant 1)$ 的曲线图。

在命名窗口中输入如下命令:

```
x = - 1:0.01:1;
y = x.^2 + 1;
plot(x, y)
```

执行命令后,打开一个图形窗口并显示绘制的曲线图,如图 1-7 所示。

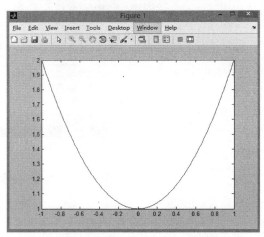

图 1-7　MATLAB 绘图演示(彩图可见本书插页)

例 1 - 3　求解线性方程组

$$\begin{cases} 2x_1 + 3x_2 = 5 \\ -x_1 - 2x_2 + 4x_3 = 2 \\ 2x_1 + 3x_3 = 5 \end{cases}$$

在命令窗口中输入如下命令：

```
A = [2 3 0; -1 -2 4; 2 0 3];
b = [5;2;5];
x = inv(A) * b
```

执行命令后，返回结果：

```
x =
    0.5714
    1.2857
    1.2857
```

例 1 - 4　求多项式方程 $x^4 + 3x^2 - x + 1 = 0$ 的全部根。

在命令窗口中输入如下命令：

```
p = [1 0 3 -1 1];
x = roots(p)
```

执行命令后，返回结果：

```
x =
  -0.2037 + 1.6639i
  -0.2037 - 1.6639i
   0.2037 + 0.5607i
   0.2037 - 0.5607i
```

例 1 - 5　求 $s = 1 + 2 + \cdots + 100$ 的值。

在命令窗口中输入如下命令：

```
v = 1:100;
s = sum(v)
```

执行命令后，返回结果：

```
s =
    5050
```

例 1 - 6　求定积分 $\int_1^2 \dfrac{\sin x}{x} \mathrm{d}x$ 的近似值。

在命令窗口中输入如下命令：

```
f = 'sin(x)./x';
quadl(f,1,2)
```

执行命令后,返回结果:

```
s =
    0.6593
```

例 1 - 7　求定积分 $\int_0^{2\pi} x^2 \sin x \, dx$。

在命令窗口中输入如下命令:

```
syms x
f = x^2 * sin(x);
s = int(f, 0, 2 * pi)
```

执行命令后,返回结果:

```
s =
    - 4 * pi^2
```

本章小结

本章简要介绍了 MATLAB 的启动与退出、MATLAB 的工作环境、MATLAB 命令的操作方式,并通过几个例子演示了 MATLAB 的一些主要功能。为便于读者使用,下面将本章中的主要 MATLAB 命令及其功能进行汇总。

命　令	功　能	命　令	功　能
clc	擦去一页命令窗口	clear	从工作空间清除所有变量
clf	清除图形窗口内容	figure	打开一个图形窗口
Ctrl＋C	强行终止命令的运行	help	查询所列命令的帮助信息

习题 1

一、单选题

1. 在命令窗口中运行命令时,若不想显示命令运行的结果,可在命令后加上(　　)。
　　A. 逗号（,）　　　　B. 冒号（:）　　　　C. 分号（;）　　　　D. 百分号（%）

2. 在命令后面加上注释,应以(　　)开头。
　　A. 逗号（,）　　　　B. 冒号（:）　　　　C. 分号（;）　　　　D. 百分号（%）

3. 在命令窗口中,若要强行终止命令的运行,可在键盘上按下(　　)。
　　A. Ctrl＋A　　　　B. Ctrl＋B　　　　C. Ctrl＋C　　　　D. Ctrl＋D

4. 在命令窗口中,如需要重新运行之前输入过的命令,可在键盘上按下(　　)。

    A. 上移光标键（↑）   B. 下移光标键（↓）

    C. 左移光标键（←）   D. 右移光标键（→）

5. 在命令窗口中输入(　　)命令后回车即可打开 M 文件编辑/调试器。

    A. exit   B. quit   C. edit   D. function

二、填空题

1. ＿＿＿＿＿＿＿＿＿ 窗口是命令行语句和命令文件执行的主要窗口。

2. ＿＿＿＿＿＿＿＿＿窗口是变量的管理中心。

3. 列出帮助主题的命令为＿＿＿＿＿＿＿＿＿。

4. 擦除一页命令窗口内容的命令为＿＿＿＿＿＿＿＿＿。

5. 从工作空间清除所有变量的命令为＿＿＿＿＿＿＿＿＿。

 实验 1

一、实验目的

1. 掌握 MATLAB 的启动与退出方法。

2. 熟悉 MATLAB 工作环境。

3. 掌握 MATLAB 命令的操作方式。

二、实验内容

1. 启动 MATLAB,然后分别利用两种方式退出 MATLAB。

2. 在命令窗口中输入如下命令,然后在工作空间窗口中查看、编辑各变量。

```
x = 1;
y = [1 2 3;4 5 6;7 8 9];
z = 1:2:5;
u = linspace(1,10,10);
v = ones(3);
w = rand(3,4);
```

3. 利用命令首先清除工作空间窗口中的所有变量,然后擦除命令窗口中的内容。

4. 首先在历史命令窗口中复制命令 y=[1 2 3;4 5 6;7 8 9],然后在命令窗口中运行该命令。

5. 利用 help 命令在命令窗口中查看 plot 函数的使用方法说明。

6. 熟悉命令窗口中有关命令行环境的一些常用操作。

2

MATLAB 数据运算基础

    MATLAB 各种数据类型都以矩阵形式存在,所以 MATLAB 的大部分命令都在矩阵运算的意义下执行。而 MATLAB 的数据类型较为丰富,数据类型的多样性也增强了 MATLAB 的数据表达能力。本章将介绍 MATLAB 的变量命令规则与赋值方法；MATLAB 的矩阵表示与运算方法；MATLAB 常用数学函数及基本运算；MATLAB 字符串的创建与使用方法。

2.1 数据特点

2.1.1 数据术语

1. 矩阵

由 $m \times n$ 个数组成的排成 m 行 n 列的一个矩形的数表,其中 0×0 矩阵为空矩阵([ ])。数组中第 $i(1 \leqslant i \leqslant m)$ 行第 $j(1 \leqslant j \leqslant n)$ 列的数据称为矩阵元素。

2. 向量

$1 \times n$ 或 $n \times 1$ 的矩阵,即只有一行的或者一列的矩阵。只有一行的矩阵称为行向量,只有一列的矩阵称为列向量。数组中第 $i(1 \leqslant i \leqslant n)$ 个数据称为向量元素。

3. 标量

1×1 的矩阵,即为只含一个数的矩阵。

2.1.2 数据类型

    矩阵是 MATLAB 最基本、最重要的数据对象,MATLAB 的大部分运算或命令都是在矩阵运算的意义下执行,而且这种运算定义在复数域上。向量和单个数据都可以作为矩阵的特例来处理。

基本的数据类型包括逻辑型数据、字符串型、数值型三种:

(1) 逻辑型数据:以数值 1(非零)表示“真”,以数值 0 表示“假”。

(2) 字符串型数据由若干个字符组成,这些字符可以是计算机系统允许使用的任何字符。

(3) 数值型数据是使用最多的一种数据类型,可以用带小数点的形式和科学计数法表示。例如，-20、1.25、$2.88\mathrm{e}-56$（表示 2.88×10^{-56}）、$7.68\mathrm{e}204$（表示 7.68×10^{204}）都是合法的数值型数据表示形式。数值型数据在计算时一般采用双精度型，在输出时有多种显示格式可供选择。数值型数据的显示格式可通过 format 命令在运算前进行设置，主要设置方式有：

format short：默认设置，以十进制的短格式形式显示数据。

format long：以十进制的长格式形式显示数据。

format bank：以两位小数形式显示数据。

format rat：以近似分数形式显示数据。

例 2 - 1　利用不同格式显示 $a = 1/3$ 的结果。

（1）在命令窗口中输入命令：

```
a = 1 /3
```

执行命令后，返回结果：

```
a =
    0.3333
```

上述操作是以十进制的短格式形式显示结果，也是 MATLAB 的默认设置，与先输入 format short，再输入 a＝1/3 的结果相同。

（2）在命令窗口中输入如下命令：

```
format long
a = 1 /3
```

执行命令后，返回结果：

```
a =
    0.333333333333333
```

（3）在命令窗口中输入如下命令：

```
format bank
a = 1 /3
```

执行命令后，返回结果：

```
a =
    0.33
```

（4）在命令窗口中输入如下命令：

```
format rat
a = 1 /3
```

执行命令后，返回结果：

```
a =
    1 /3
```

2.2　变量的命名与赋值

2.2.1　变量的命名

变量的命名规则为：

（1）变量名必须以字母开头，变量名的组成可以是任意字母、数字或者下划线，但不能含有空格和标点符号。

（2）变量名不能超过 63 个字符。

（3）变量名区分字母的大小写，即对大小写敏感。

2.2.2　变量的赋值

变量的赋值通常有两种形式：

（1）变量＝表达式

（2）表达式

其中表达式是用运算符将有关运算连接起来的式子。在形式(1)中，"＝"表示赋值操作，是将表达式的结果赋给左边的变量；在形式(2)中，是将表达式的结果赋给 MATLAB 的预定义变量 ans。

在 MATLAB 中，除了 ans 是预定义变量，还有以下几个常用的预定义变量：

eps：机器零阈值。

pi：圆周率 π 的近似值。

i，j：虚数单位。

inf，Inf：无穷大。

nan，NaN：无法定义一个数。

> **说明：** MATLAB 的预定义变量有特定的含义，在使用时应尽量避免对这些变量重新赋值。

2.3　矩阵的表示

2.3.1　矩阵的建立

1. 直接输入法

最简单的矩阵建立方法是从键盘直接输入矩阵的元素。具体方法为：将矩阵的元素用方括号（〔　〕）括起来，按矩阵行的顺序输入各元素，同一行的各元素之间用空格或逗号分隔,不同行的元素之间用分号分隔。

例 2-2　利用直接输入法建立矩阵 $a = \begin{pmatrix} 1 & 2 & 3 \\ 4 & 5 & 6 \\ 7 & 8 & 9 \end{pmatrix}$。

在命令窗口输入命令:

```
a = [1,2,3;4,5,6;7,8,9]
```

执行命令后,返回结果:

```
a =

     1     2     3
     4     5     6
     7     8     9
```

> **说明**:如果在上述命令末尾加上分号,则在命令窗口不显示结果,但此时也表明将矩阵赋值给变量 a。

2. 利用空矩阵法建立矩阵

利用空矩阵法建立矩阵的方法为:首先建立空矩阵[ ],然后在工作空间窗口利用变量编辑器对空矩阵中的元素进行修改。若所需建立的矩阵元素源自某个表格数据,也可将该表格中的数据直接复制粘贴到空矩阵对应的变量编辑器中,建立对应的矩阵。该方法适合于建立较大型的矩阵。

例 2-3　利用空矩阵法建立矩阵 $c = \begin{pmatrix} 1 & 2 & 3 & 4 \\ 5 & 6 & 7 & 8 \\ 9 & 10 & 11 & 12 \\ 13 & 14 & 15 & 16 \end{pmatrix}$。

在命令窗口输入命令:

```
c = [ ];
```

然后在工作空间窗口中选定变量名 c,双击鼠标即可打开变量编辑器,在变量编辑器中输入矩阵对应的元素,最后关掉变量编辑器即可完成操作,如图 2-1 所示。

3. 特殊矩阵的建立

常用的特殊矩阵建立函数有:

A=zeros(m,n):建立 m 行 n 列的全 0 矩阵(也称为零矩阵) A。

A=ones(m,n):建立 m 行 n 列的全 1 矩阵(也称为幺矩阵) A。

A=rand(m,n):建立 0~1 之间均匀分布的 m 行 n 列随机矩阵 A。

A=randn(m,n):建立均值为 0、方差为 1 的 m 行 n 列标准正态分布随机矩阵 A。

A=eye(n):建立 n 阶单位矩阵 A。

A=magic(n):建立 n 阶魔方矩阵 A。

A=vander(v):建立以向量 v 为基础向量的范得蒙矩阵 A。

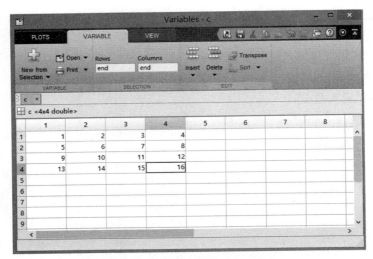

图 2-1 利用空矩阵法建立矩阵

说明：

  (1) 当所建立的矩阵为 n 阶方阵时，函数 zeros(m,n)可简写为 zeros(n)，其他函数类同。

  (2) 每行、每列及两对角线上的元素之和都相等的矩阵称为魔方矩阵。

  (3) 最后一列元素全为 1，倒数第二列元素为指定向量，倒数第三列元素为指定向量各元素的二次方，倒数第四列元素为指定向量各元素的三次方，……，满足这种特点的矩阵称为范得蒙矩阵。

例 2-4 建立随机矩阵：

(1) 在 10~30 之间均匀分布的 4 阶随机矩阵 x。

(2) 均值为 0.2、方差为 0.04 的 5 阶正态分布随机矩阵 y。

在命令窗口输入如下命令：

```
x = 10 + (30 - 10) * rand(4);
y = 0.2 + sqrt(0.04) * randn(5);
```

说明：

  (1) 函数 rand(m,n)仅用于建立 0~1 之间均匀分布的 m 行 n 列随机矩阵，若想建立 a~b 之间均匀分布的 m 行 n 列随机矩阵，则可采用命令：a+(b−a) * rand(m,n)。

  (2) 函数 randn(m,n)仅用于建立均值为 0、方差为 1 的 m 行 n 列标准正态分布随机矩阵，若想建立均值为 a、方差为 b（b 为非负值）的 m 行 n 列正态分布随机矩阵，则可采用命令：a+sqrt(b) * randn(m,n)。

  例 2-5 将 101~125 等 25 个整数填入一个 5 行 5 列的矩阵 M 中，使其每行、每列及两对角线元素之和均为 565。

在命令窗口输入命令：

```
M = 100 + magic(5)
```

执行命令后，返回结果：

```
M =
    117   124   101   108   115
    123   105   107   114   116
    104   106   113   120   122
    110   112   119   121   103
    111   118   125   102   109
```

例 2 - 6　建立矩阵 $A = \begin{pmatrix} 1 & 1 & 1 & 1 \\ 8 & 4 & 2 & 1 \\ 27 & 9 & 3 & 1 \\ 125 & 25 & 5 & 1 \end{pmatrix}$。

在命令窗口输入命令：

```
A = vander([1 2 3 5])
```

执行命令后，返回结果：

```
A =
      1     1     1     1
      8     4     2     1
     27     9     3     1
    125    25     5     1
```

4. 利用分块矩阵法建立矩阵

在建立某些大型矩阵时，可利用分块矩阵法来建立，其方法为：将大型矩阵分为若干块，每一块都为小型矩阵或向量。

例 2 - 7　利用分块矩阵建立矩阵示例。

在命令窗口输入如下命令：

```
A = [1 2 3;4 5 6;7 8 9];
C = [A,eye(size(A));ones(size(A)),A]    % 分块矩阵
```

执行命令后，返回结果：

```
C =
    1    2    3    1    0    0
    4    5    6    0    1    0
    7    8    9    0    0    1
    1    1    1    1    2    3
    1    1    1    4    5    6
    1    1    1    7    8    9
```

2.3.2 向量的建立

由于 n 维行向量可视为大小为 $1 \times n$ 的矩阵，n 维列向量可视为大小为 $n \times 1$ 的矩阵，故可以按照矩阵的直接输入法或空矩阵法建立向量。

例 2-8 利用直接输入法建立行向量 $\boldsymbol{b} = [1 + 2\mathrm{i}, 2 + 3\mathrm{i}, 2 - \mathrm{i}, 3 - 2\mathrm{i}]$。

在命令窗口输入命令：

```
b=[1+2*i,2+3*i,2-i,3-2*i]
```

执行命令后，返回结果：

```
b =
   1.0000 + 2.0000i  2.0000 + 3.0000i  2.0000 - 1.0000i  3.0000 - 2.0000i
```

然而，等步长（即等间距）向量在 MATLAB 编程中较为常见。等步长向量除了采用直接输入法或空矩阵法建立外，可采用如下两种更为快捷的方式建立。

1. 利用冒号表达式

冒号表达式可以产生一个等步长的行向量 $\boldsymbol{v}$，一般格式是：

$$v = \mathrm{e1:e2:e3}$$

其中 e_1 为初值，e_2 为步长（即间距的长度），e_3 为终值。

说明：

(1) 当步长为 1 时，可省略，即冒号表达式可简写为 e1:e3。

(2) e_2 也可取负值，此时按递减的方式生成行向量。

(3) 当 $e_2 > 0$ 但 $e_1 > e_3$ 时，建立的向量为空向量；当 $e_2 < 0$ 但 $e_1 < e_3$ 时，建立的向量也为空向量。

(4) 利用冒号表达式生成的等步长向量不一定包含 e_3，是否包含 e_3 与 e_2 的取值有关。

例 2-9 利用冒号表达式建立矩阵 $a = \begin{bmatrix} 1 & 2 & 3 \\ 3 & 5 & 7 \\ 2 & 5 & 8 \end{bmatrix}$。

在命令窗口输入命令：

```
a=[1:3;3:2:7;2:3:8]
```

执行命令后，返回结果：

```
a =
   1   2   3
   3   5   7
   2   5   8
```

2. 利用 linspace 函数

v＝linspace(a,b,n)：生成一个 a 到 b 之间含有 n 个元素的等步长向量 $\boldsymbol{v}$。

> **说明：**linspace(a,b,n) 与 a:(b－a)/(n－1):b 的结果等价。

例 2 - 10　从 0 到 2π 等间距地取 100 个点生成向量 $\boldsymbol{v}$。

在命令窗口输入命令：

```
v = linspace(0,2 * pi,100);
```

2.3.3　向量与矩阵元素的提取

1. 向量元素的提取

a＝v(i)：提取向量 $\boldsymbol{v}$ 的第 i 个位置的元素，结果赋值给变量 a。

b＝v([i1,i2,…,im])：同时提取向量 $\boldsymbol{v}$ 中第 $i_1,i_2,\cdots,i_m$ 个位置的元素生成一个行向量 $\boldsymbol{b}$。

例 2 - 11　建立一个等步长的向量，然后进行元素的提取和重新赋值等操作。

```
y = 1:2:15;
y1 = y(3)
y2 = y(end)     % 提取向量 y 的最后一个元素
y3 = y([1,2,5,9])
y4 = y(1:2:7)
y(3) = 10
```

2. 矩阵元素的提取

矩阵的元素一般是通过元素的下标进行提取。矩阵元素的下标即为相应元素位于矩阵的第几行第几列。通过下标提取矩阵元素的格式为：

x＝a(i,j)：取出矩阵 $\boldsymbol{a}$ 的第 i 行第 j 列的元素，结果赋值给变量 x。

也可以采用矩阵元素的序号来提取矩阵的单个元素。矩阵元素的序号就是相应元素在内存中的排列顺序。在 MATLAB 中，矩阵元素按列进行存储，即首先存储第 1 列元素，然后存储第 2 列元素，……，一直到最后一列元素。采用序号提取矩阵单个元素的格式为：

x＝a(m)：取出矩阵 $\boldsymbol{a}$ 中序号为 m 的元素，结果赋值给变量 x。

例 2 - 12　将例 2 - 9 中矩阵 $\boldsymbol{a}$ 的第 2 行第 3 列元素取出来赋值为变量 x，将矩阵 $\boldsymbol{a}$ 中序号为 6 的元素重新赋值为 10。

在命令窗口输入命令：

```
a = [1:3;3:2:7;2:3:8];
x = a(2,3)
```

执行命令后，返回结果：

```
x =
    7
```

继续在命令窗口输入命令：

```
a(6) = 10
```

执行命令后，返回结果：

```
a =
    1    2    3
    3    5    7
    2   10    8
```

2.4 矩阵的运算

1. 算术运算

(1) 矩阵的加减运算

两个矩阵必须同型时才可以进行加减运算。如果参与加减运算的其中一个是标量，则该标量与另一个矩阵的每个元素进行加减运算。在 MATLAB 中，两个矩阵的加法运算符为"＋"、减法运算符为"－"。

说明：由于标量与向量可视为矩阵，故两个标量或两个向量的加法运算符为"＋"、减法运算符为"－"。

例 2 - 13　设 $A = \begin{pmatrix} 4 & -3 & 1 \\ 2 & 0 & 5 \end{pmatrix}, B = \begin{pmatrix} 1 & 2 & 0 \\ -1 & 0 & 3 \end{pmatrix}$，求 $A - B$。

在命令窗口输入如下命令：

```
A = [4 -3 1;2 0 5];
B = [1 2 0;-1 0 3];
A - B
```

执行命名后，返回结果：

```
ans =
    3   -5    1
    3    0    2
```

(2) 矩阵的乘法运算

设矩阵 $A = (a_{ij})_{m \times s}$，矩阵 $B = (b_{ij})_{s \times n}$，则 $C = AB = (c_{ij})$ 为 $m \times n$ 的矩阵，其中 c_{ij} 等于 A 的第 i 行与 B 的第 j 列对应元素的乘积之和。需要注意的是，当前一个矩阵的列数

等于后一个矩阵的行数时,两个矩阵才能进行乘法运算。在 MATLAB 中,两个矩阵的乘法运算符为"＊"。

当两个矩阵同型时,还可以进行点乘运算,点乘运算的规则为:矩阵 A 与 B 中的对应元素相乘。需要注意的是,只有当两个矩阵同型时才能进行点乘运算。在 MATLAB 中,两个矩阵的点乘运算符为".＊"。

如果参与乘法或点乘运算的其中一个是标量,则该标量与另一个矩阵的每个元素进行乘法运算。

> **说明:** 由于标量与向量可视为矩阵,故两个标量或两个向量的乘法运算符为"＊",两个向量的点乘运算符为".＊"。

例 2 - 14 设 $A = \begin{bmatrix} 2 & -1 & 0 \\ 1 & 1 & 3 \\ 4 & 2 & 1 \end{bmatrix}$, $B = \begin{bmatrix} 1 & 0 & 3 \\ 2 & 1 & 0 \\ -1 & 1 & 2 \end{bmatrix}$, 求 A 与 B 的乘法与点乘。

在命令窗口输入命令:

```
A=[2 -1 0;1 1 3;4 2 1];
B=[1 0 3;2 1 0;-1 1 2];
A*B
```

执行命名后,返回结果:

```
ans =
    0    -1     6
    0     4     9
    7     3    14
```

继续在命令窗口输入命令:

```
A.*B
```

执行命名后,返回结果:

```
ans =
    2     0     0
    2     1     0
   -4     2     2
```

（3）矩阵的除法运算

矩阵的除法运算分为左除和右除,运算符分别"\"和"/"。矩阵的除法运算定义为: $A \backslash B = A^{-1} \times B$, $A/B = A \times B^{-1}$, 其中 A^{-1} 和 B^{-1} 分别为矩阵 A 和 B 的逆矩阵。需要注意的是,只有 A 可逆且 A^{-1} 与 B 满足乘法规则时才能进行左除运算,只有 B 可逆且 A 与 B^{-1} 满足乘法规则时才能进行右除运算。

两个矩阵除了可以进行除法运算,还可以进行点左除和点右除运算,运算符分别为

".\"和"./"。矩阵的点除法运算规则为两矩阵对应元素进行左除或右除。需要注意的是,只有当两个矩阵同型时才能进行点除法运算。

> **说明:**由于标量可视为矩阵,故两个标量的左除和右除运算符分别为"\"和"/",两向量的点左除和点右除运算符分别为".\"和"./"。

例 2 - 15 求解线性方程组 $\begin{cases} 2x_1 + 2x_2 - x_3 + x_4 = 4 \\ 4x_1 + 3x_2 - x_3 + 2x_4 = 6 \\ 8x_1 + 3x_2 - 3x_3 + 4x_4 = 12 \\ 3x_1 + 3x_2 - 2x_2 - 2x_4 = 6 \end{cases}$。

在命令窗口输入如下命令:

```
A = [2 2 - 1 1;4 3 - 1 2;8 3 - 3 4;3 3 - 2 - 2];
b = [4;6;12;6];
x = A\b
```

执行命令后,返回结果:

```
x =
    0.6429
    0.5000
  - 1.5000
    0.2143
```

（4）矩阵的乘方运算

矩阵的乘方运算符为"^",计算 $A\hat{\ }x$ 时要求 A 为方阵,x 为标量。$A\hat{\ }x$ 的含义是方阵 A 自乘 x 次。

除了乘方运算,还可以进行点乘方运算,运算符为".^"。在计算 $A.\hat{\ }B$ 时,A 和 B 都可以是矩阵或标量。设 a_{ij} 和 b_{ij} 分别表示矩阵 A 和 B 的第 i 行第 j 列元素,则 $A.\hat{\ }B$ 的含义分别为:

当 A 为矩阵,B 为标量时,$A.\hat{\ }B$ 表示将 a_{ij} 自乘 B 次;

当 A 为矩阵,B 也为矩阵时,A 与 B 必须同型,$A.\hat{\ }B$ 表示将 a_{ij} 自乘 b_{ij} 次;

当 A 为标量,B 为矩阵时,$A.\hat{\ }B$ 的第 i 行第 j 列元素为 $A^{b_{ij}}$。

> **说明:**由于标量可视为矩阵,故两个标量的乘方运算符为"^",两向量的点乘方运算符为".^"。

例 2 - 16 设 $A = \begin{pmatrix} 2 & -1 & 0 \\ 1 & 1 & 3 \\ 4 & 2 & 1 \end{pmatrix}$,$B = \begin{pmatrix} 1 & 0 & 3 \\ 2 & 1 & 0 \\ -1 & 1 & 2 \end{pmatrix}$,求 A^2 以及 A 与 B 的点乘方。

在命令窗口输入命令:

```
A=[2 -1 0;1 1 3;4 2 1];
B=[1 0 3;2 1 0;-1 1 2];
A^2
```

执行命令后,返回结果:

```
ans =
     3    -3    -3
    15     6     6
    14     0     7
```

继续在命令窗口输入命令:

```
A.^B
```

执行命令后,返回结果:

```
ans =
    2.0000    1.0000         0
    1.0000    1.0000    1.0000
    0.2500    2.0000    1.0000
```

2. 关系运算

关系运算表达式的计算结果是一个由 0 和 1 组成的逻辑数组,在数组中用 1 表示"真",0 表示"假"。MATLAB 提供了 6 种关系运算符:

< （小于）

<=（小于或等于）

> （大于）

>=（大于或等于）

== （等于）

~= （不等于）

关系运算符的运算法则为:

(1) 当参与比较的两个量都是标量时,直接比较两数的大小。若关系成立,结果为 1,否则为 0。

(2) 当参与比较的两个量是两个同型矩阵时,对两矩阵相同位置的元素按标量关系运算规则逐个进行比较,并给出比较结果。最终结果是一个与原矩阵同型的矩阵,它的元素由 0 或 1 组成。

(3) 当参与比较的一个是标量,而另一个是矩阵时,则把标量与矩阵的每一个元素按标量关系运算规则逐个进行比较,并给出比较结果。最终结果是一个与原矩阵同型的矩阵,它的元素由 0 或 1 组成。

(4) 对于两个复数的比较,<、<= 和>、>=仅对两个复数的实部进行比较,= = 和~=则同时对两个复数的实部和虚部进行比较。

例 2 - 17　建立 4 阶魔方阵 A,判断 A 的元素是否能被 3 整除,并求出能被 3 整除的元素。

在命令窗口输入如下命令：

```
A = magic(4);
P = rem(A,3) == 0    % 判断 A 的各元素能否被 3 整除
```

执行命名后，返回结果：

```
P =
     0     0     1     0
     0     0     0     0
     1     0     1     1
     0     0     1     0
```

继续在命令窗口输入命令：

```
A(P)
```

执行命名后，返回结果：

```
ans =
     9
     3
     6
    15
    12
```

MATLAB 还提供了一些关系运算函数，其中较为常用的是 find 函数，其格式为：

p＝find(X)：返回数组（向量或矩阵）**X** 的非零元素的序号，如无非零元素，返回空数组。

[i,j]＝find(A)：返回矩阵 **A** 的非零元素的行号和列号。

此外，也可利用 find 函数找出关系运算成立时对应元素所在的位置。

例 2 - 18　求三阶魔方矩阵 **A** 中大于 7 的元素。

方法 1：在命令窗口输入如下命令：

```
A = magic(3);
x = A > 7;
A(x)
```

执行命名后，返回结果：

```
ans =
     8
     9
```

方法 2：在命令窗口输入如下命令：

```
A = magic(3);
x = find(A > 7);
A(x)
```

执行命名后,返回结果:

```
ans =
    8
    9
```

3. 逻辑运算

MATLAB 提供了 3 种逻辑运算符:

& （与）

| （或）

～ （非）

在逻辑运算中,非零元素为真,用 1 表示,零元素为假,用 0 表示。设参与逻辑运算的是两个标量为 a 和 b,逻辑运算符的运算法则为:

a&b:a,b 全为非零时,运算结果为 1,否则为 0。

a|b:a,b 中只要有一个非零,运算结果为 1。

～a:当 a 是零时,运算结果为 1;当 a 非零时,运算结果为 0。

> **说明:**
>
> (1) 若参与逻辑运算的是两个同型矩阵,那么运算将对矩阵相同位置上的元素按标量规则逐个进行。最终运算结果是一个与原矩阵同型的矩阵,其元素由 1 或 0 组成。
>
> (2) 若参与逻辑运算的一个是标量,一个是矩阵,那么运算将在标量与矩阵中的每个元素之间按标量规则逐个进行,最终运算结果是一个与矩阵同型的矩阵,其元素由 1 或 0 组成。
>
> (3) 逻辑非是单目运算符,也服从矩阵运算规则。

例 2-19 求四阶的魔方矩阵 B 中大于 7 且小于 10 的元素的个数。

方法 1:在命令窗口输入如下命令:

```
B = magic(4);
y = B > 7&B < 10;
length(B(y))
```

执行命名后,返回结果:

```
ans =
    2
```

方法 2：在命令窗口输入如下命令：

```
B = magic(4);
y = find(B > 7&B < 10);
length(y)
```

执行命名后，返回结果：

```
ans =
    2
```

说明：函数 length(v) 的功能是返回向量 v 中元素的个数。另外，与函数 length(x) 类似的是函数 size(A)，函数 size(A) 的功能是返回矩阵 A 的行数和列数。

注意：在算术运算、关系运算和逻辑运算中，算术运算优先级最高，逻辑运算（非运算除外）优先级最低。

2.5 常用的数学函数

MATLAB 提供了许多数学函数方便用户调用，函数的自变量规定为矩阵（包括标量、向量），运算法则是将函数逐个作用于矩阵的元素上，返回的结果是与原矩阵同型的矩阵。

MATLAB 中常用数学函数的调用格式为

y＝sin(x)/y＝sind(x)：计算变量 x（弧度/角度）的正弦值 y。

y＝cos(x)/y＝cosd(x)：计算变量 x（弧度/角度）的余弦值 y。

y＝tan(x)/y＝tand(x)：计算变量 x（弧度/角度）的正切值 y。

y＝cot(x)/y＝cotd(x)：计算变量 x（弧度/角度）的余切值 y。

y＝asin(x)/y＝asind(x)：计算变量 x（弧度/角度）的反正弦值 y。

y＝acos(x)/y＝acosd(x)：计算变量 x（弧度/角度）的反余弦值 y。

y＝atan(x)/y＝atand(x)：计算变量 x（弧度/角度）的反正切值 y。

y＝acot(x)/y＝acotd(x)：计算变量 x（弧度/角度）的反余切值 y。

y＝sqrt(x)：计算变量 x 的平方根 y，即计算 $y = \sqrt{x}$。

y＝abs(x)：计算变量 x 的绝对值 y，即 $y = |x|$。若 x 为复数，则计算 x 的模。

y＝exp(x)：计算变量 x 的自然指数 y，即计算 $y = e^x$。

y＝pow2(x)：计算变量 x 的 2 的幂 y，即计算 $y = 2^x$。

y＝log(x)：计算变量 x 的自然对数 y，即计算 $y = \ln x$。

y=log10(x):计算变量 x 的常用对数 y，即计算 $y=\lg x$。

y=log2(x):计算变量 x 的以 2 为底的对数 y，即计算 $y=\log_2 x$。

r=rem(x,y):计算变量 x 除以变量 y 的余数 r。

y=fix(x):计算变量 x 向零方向取整的结果 y。

y=floor(x):计算不大于变量 x 的最大整数 y。

y=ceil(x):计算不小于变量 x 的最小整数 y。

y=round(x):计算变量 x 四舍五入到最邻近整数的结果 y。

p=isprime(x):判断变量 x 是否为素数，返回一个逻辑结果 p。

说明:

(1) 上述所有函数的自变量 x 可以是标量、向量、矩阵。

(2) 计算变量 x 的三角函数可以弧度为单位,也可以角度为单位,以角度为单位的函数后面多了一个"d"。

(3) 对数函数只有 log(x)、log10(x)、log2(x) 三种,若需计算以其他为底的对数,则要利用换底公式化为三种函数中的某一种。

(4) 取整函数有 fix(x)、floor(x)、ceil(x)、round(x) 四种,注意它们的区别。

(5) 函数 isprime(x) 返回的是逻辑结果,1 表示 x 为素数,0 表示 x 不为素数。

例 2 - 20 当 $x=1$ 时,计算 $y=\dfrac{\sqrt{|x-3|}+x^2\mathrm{e}^x}{\lg(x+1)}$ 的值。

在命名窗口中输入如下命令:

```
x = 1;
y = (sqrt(abs(x-3)) + x^2 * exp(x)) /log10(x+1)
```

执行命令后,返回结果:

```
y =
   13.7279
```

2.6 字符串的使用

在 MATLAB 中,字符串是用单撇号括起来的字符序列。MATLAB 将字符串当作一个行向量,每个元素(包括空格)对应一个字符,其标识方法和数值向量相同。也可以建立多行字符串构成的矩阵。

MATLAB 中常用字符串函数的调用格式为

p=length(ch):计算字符串 ch 的长度(即组成字符的个数,包括空格),结果赋值给变量 p。

c＝class(ch)：判断变量 ch 是否为字符串，若是，则返回的结果 c 为 char。

e＝eval(ch)：以表达式方式执行字符串 ch 得到结果 e。

disp(ch)：显示字符串 ch 的内容。

例 2 - 21 建立一个字符串，提取该字符串的前 4 个元素，删除该字符串中的英文大写字母。

在命令窗口输入如下命令：

```
ch = 'ABc123d4e56Fg9';
subch = ch(1:4)
```

执行命令后，返回结果：

```
subch =
ABc1
```

继续在命令窗口输入如下命令：

```
k = find(ch> = 'A'&ch< = 'Z');
ch(k) = [ ]
```

执行命令后，返回结果：

```
ch =
c123d4e56g9
```

例 2 - 22 将字符串内容转化为 MATLAB 命令执行。

在命令窗口输入如下命令：

```
ch = 'sin(pi/4) + sqrt(2) - log(3)';
y = eval(ch)
```

执行命令后，返回结果：

```
y =
    1.0227
```

本章小结

　　本章主要介绍了 MATLAB 的变量命名规则与赋值方法、MATLAB 的矩阵表示与运算方法、MATLAB 常用数学函数及基本运算、MATLAB 字符串的创建与使用方法。为便于读者使用，下面将本章中的主要 MATLAB 函数及其功能进行汇总。

函　数	功　能	函　数	功　能
zeros	建立零矩阵	ones	建立幺矩阵
eye	建立单位矩阵	rand	建立均匀分布的随机矩阵
randn	建立正态分布的随机矩阵	vander	建立范得蒙矩阵
magic	建立魔方矩阵	linspace	生成等步长的向量
sin/sind	计算变量的正弦值	cos/cosd	计算变量的余弦值
tan/tand	计算变量的正切值	cot/cotd	计算变量的余切值
asin/asind	计算变量的反正弦值	acos/acosd	计算变量的反余弦值
atan/atand	计算变量的反正切值	acot/acotd	计算变量的反余切值
abs	计算变量的绝对值(模)	sqrt	计算变量的平方根
pow2	计算变量的2的幂	exp	计算变量的自然指数
log10	计算变量的常用对数	log	计算变量的自然对数
rem	计算两变量的余数	log2	计算变量以2为底的对数
floor	计算不大于变量的最大整数	fix	变量向零方向取整
round	变量四舍五入取整	ceil	计算不小于变量的最小整数
length	计算向量的长度	isprime	判断变量是否为素数
eval	以表达式执行字符串变量	class	判断变量是否为字符串

习题2

一、单选题

1. 以近似分数形式输出数据的命令为(　　　)。

A. format short　　　　　　　　　　B. format long

C. format rat　　　　　　　　　　　 D. format bank

2. 下列可作为 MATLAB 合法变量名的是(　　　)。

A. &21　　　　　B. 345xy　　　　　C. abc_2　　　　　D. y−k

3. 下列数据表示错误的是(　　　)。

A. 1.35−005　　　B. −20　　　　　 C. e　　　　　　　D. 'abCyg'

4. 输入字符串时,要用(　　　)将字符串括起来。

A. { }　　　　　　B. [ ]　　　　　　C. ' '　　　　　　D. " "

5. 下列语句中,错误的是(　　　)。

A. x==y==1　　　B. x=y==1　　　　C. x=y=1　　　　D. x=1;y=x

二、填空题

1. 表示圆周率近似值的预定义变量名为＿＿＿＿＿＿＿＿。

2. 利用冒号表达式 e1:e2:e3 建立向量时，e_1 为向量的＿＿＿＿＿＿，e_2 为向量的＿＿＿＿＿＿，e_3 为向量的＿＿＿＿＿＿。

3. 提取矩阵 A 的第 2 行第 3 列元素的命令为＿＿＿＿＿＿＿＿。

4. 设 A,B 均为 3 行 5 列的矩阵，则用于 A 与 B 的乘法运算为＿＿＿＿＿＿。

5. 计算 e^2（其中 e 为自然指数）的命令为＿＿＿＿＿＿＿＿。

6. 生成 3 阶单位矩阵 A 的命令是＿＿＿＿＿＿＿＿。

7. 在区间 $[10,20]$ 内建立 3 行 4 列的均匀分布随机矩阵 A 的命令是＿＿＿＿＿＿。

三、判断题

1. 变量名的命名不区分大小写。　　　　　　　　　　　　　　　　（　　）

2. 变量名的命名必须以字母开头，不能含有空格和标点符号。　　　（　　）

3. 建立矩阵时，矩阵的元素用圆括弧括起来。　　　　　　　　　　（　　）

4. 建立矩阵时，不同行的元素用分号分隔。　　　　　　　　　　　（　　）

5. MATLAB 的所有代码均须在英文状态下输入。　　　　　　　　　（　　）

6. linspace(a,b,n) 的功能是在 $[a,b]$ 内等距生成 n 个元素构成的向量。（　　）

四、应用题

先给变量 x 赋值，然后计算表达式 y 的值，其中 $x=2$，$y=\dfrac{\sin x+\arccos x}{\ln|1-x|}$。

实验 2

一、实验目的

1. 掌握 MATLAB 中矩阵和向量的建立和使用。

2. 掌握 MATLAB 各种表达式的书写规则以及常用函数的使用。

3. 掌握 MATLAB 字符串的使用。

二、实验内容

1. 求出下列问题的结果：

(1) 当 $x=-3$ 时，计算 $y=\dfrac{e^{-x}\sin x-\ln|1+x|}{\sqrt{x^2+1}}$。

(2) 变量 x 为从 1 到 2 等步长的取 6 个点，计算 $y=\dfrac{\arcsin x}{x^2}$。

(3) $y=\begin{cases}2x^2-1 & 0\leqslant t\leqslant 1\\ x^2+2 & 1<t\leqslant 2\end{cases}$，其中 $x=0:0.25:2$。

2. 首先建立一个 3 阶的魔方矩阵 A 和一个符合标准正态分布的 3 阶随机矩阵 B，然后求下列表达式的值：

(1) $A+B+I$（其中 I 为 3 阶单位矩阵）

(2) A,B 的乘积与 A,B 的点乘积。

（3）A 的平方与 A 的点平方。

（4）A 左除 B 与 B 右除 A。

3. 建立一个在 20～50 均匀分布的 4 阶随机矩阵 A，将 A 的第 3 行第 5 列元素重新赋值为 40 后得矩阵 B。

4. 完成下列操作：

（1）求 $[100,999]$ 之间能被 21 整除的数及其个数。

（2）任意建立一个含有大写英文字母的字符串 ch1，首先将 ch1 的元素按倒序排放后得字符串 ch2，然后删除 ch2 中的英文大写字母。

3

第 三 章

MATLAB 矩阵分析与处理基础

　　矩阵是 MATLAB 最基本的数据形式，由于 MATLAB 的矩阵运算功能非常丰富，因此，很多含有矩阵运算的复杂计算问题在 MATLAB 中很容易得到解决。本章将介绍 MATLAB 提取子矩阵；MATLAB 提取矩阵对角线元素及生成对角矩阵；MATLAB 求矩阵的逆及求解线性方程组；MATLAB 求矩阵的行列式值、秩、迹、范数、条件数等。

3.1 提取子矩阵

　　v＝A(i,:)：提取矩阵 $\boldsymbol{A}$ 的第 i 行元素构成行向量 $\boldsymbol{v}$。

　　v＝A(:,j)：提取矩阵 $\boldsymbol{A}$ 的第 j 列元素构成列向量 $\boldsymbol{v}$。

　　B＝A(i:i+m,:)：提取矩阵 $\boldsymbol{A}$ 的第 $i \sim i+m$ 行元素构成矩阵 $\boldsymbol{B}$。

　　B＝A([i1,i2,…,im],:)：提取矩阵 $\boldsymbol{A}$ 的第 $i_1,i_2,\cdots,i_m$ 行元素构成矩阵 $\boldsymbol{B}$。

　　B＝A(:,k:k+n)：提取矩阵 $\boldsymbol{A}$ 的第 $k \sim k+n$ 列元素构成矩阵 $\boldsymbol{B}$。

　　B＝A(:,[j1,j2,…,jn])：提取矩阵 $\boldsymbol{A}$ 的第 $j_1,j_2,\cdots,j_n$ 列元素构成矩阵 $\boldsymbol{B}$。

　　B＝A(i:i+m,k:k+n)：提取矩阵 $\boldsymbol{A}$ 第 $i \sim i+m$ 行、第 $k \sim k+n$ 列元素构成矩阵 $\boldsymbol{B}$。

　　B＝A([i1,i2,…,im],[j1,j2,…,jn])：提取矩阵 $\boldsymbol{A}$ 第 $i_1,i_2,\cdots,i_m$ 行与第 $j_1,j_2,\cdots,j_n$ 列元素构成矩阵 $\boldsymbol{B}$。

　　v＝A(:)：将矩阵 $\boldsymbol{A}$ 的每一列元素堆叠起来生成一个列向量 $\boldsymbol{v}$。

　　例 3-1　设有矩阵 $\boldsymbol{A} = \begin{bmatrix} 1 & 2 & 3 & 4 & 5 \\ 6 & 7 & 8 & 9 & 10 \\ 11 & 12 & 13 & 14 & 15 \\ 16 & 17 & 18 & 19 & 20 \\ 21 & 22 & 23 & 24 & 25 \end{bmatrix}$。

　　(1) 将矩阵 $\boldsymbol{A}$ 的右下角 3×2 子矩阵赋给 $\boldsymbol{C}$。

　　(2) 将矩阵 $\boldsymbol{A}$ 的第 1 行、第 4 行、第 5 行删掉。

　　在命令窗口输入如下命令：

```
A = [1:5;6:10;11:15;16:20;21:25];
C = A(3:5,4:5)
```

执行命令后，返回结果：

```
C =
    14    15
    19    20
    24    25
```

继续在命令窗口输入命令：

```
A([1,4,5],:)=[]
```

执行命令后，返回结果：

```
A =
     6     7     8     9    10
    11    12    13    14    15
```

> **说明：**删除矩阵（包括向量）的元素可通过赋值为空（用[ ]表示）实现。

3.2 矩阵的结构调整

3.2.1 对角阵与三角阵

1. 对角阵

只有对角线上有非 0 元素的矩阵称为对角阵，对角线上的元素相等的对角矩阵称为数量阵，对角线上的元素都为 1 的对角矩阵称为单位阵。

（1）提取矩阵的对角线元素

v＝diag(A)：提取矩阵 A 的主对角线元素，产生一个具有 $\min\{m,n\}$ 个元素的列向量 v，其中 m 与 n 分别为矩阵 A 的行数和列数。

v＝diag(A,k)：提取矩阵 A 的第 k 条对角线元素构成列向量 v。与主对角平行往上分别为第 1 条对角线，第 2 条对角线，……，第 n 条对角线，往下分别为第－1 条对角线，第－2 条对角线，……，第 $-n$ 条对角线。

（2）生成对角矩阵

A＝diag(v)：生成一个以向量 v 为主对角线的对角矩阵 A。

A＝diag(v,k)：生成一个以向量 v 为第 k 条对角线的对角矩阵 A。

B＝diag(diag(A))：先提取矩阵 A 的对角元素，然后再以这些元素为主对角线生成对角矩阵 B。

例 3－2 首先建立 4 阶魔方矩阵 A，然后将 A 的第一列元素乘以 1、第二列乘以 3、第三列乘以 5、第四列乘以 7。

在命令窗口输入如下命令：

```
A = magic(4);
B = diag(1:2:7);
A * B
```

执行命令后，返回结果：

```
ans =
    16     6    15    91
     5    33    50    56
     9    21    30    84
     4    42    75     7
```

2. 三角阵

三角阵分为上三角阵和下三角阵。上三角阵是指主对角线以下的元素全为 0 的矩阵，下三角阵则是指主对角线以上的元素全为 0 的矩阵。

（1）上三角阵

B=triu(A)：求矩阵 A 对应的上三角矩阵 B。

B=triu(A,k)：生成矩阵 A 的第 k 条对角线以上的元素（含第 k 条对角线的元素）构成的矩阵 B。

（2）下三角矩阵

B=tril(A)：求矩阵 A 对应的下三角矩阵 B。

B=tril(A,k)：求矩阵 A 的第 k 条对角线以下的元素（含第 k 条对角线的元素）构成的矩阵 B。

例 3 - 3　建立 4 阶魔方矩阵 A，求矩阵 A 对应的上三角阵 B 以及第 1 条对角线以下的元素构成的矩阵 C。

```
A = magic(4);
B = triu(A)
```

执行命令后，返回结果：

```
B =
    16     2     3    13
     0    11    10     8
     0     0     6    12
     0     0     0     1
```

继续在命令窗口输入命令：

```
C = tril(A,1)
```

执行命令后，返回结果：

```
C =
    16     2     0     0
     5    11    10     0
     9     7     6    12
     4    14    15     1
```

3.2.2　矩阵的转置与重组

1. 矩阵的转置

矩阵转置的运算符是单撇号(')。

2. 矩阵的重组

B＝reshape(A,m,n):将矩阵 A 的元素重新排列成 $m \times n$ 的矩阵 B。该函数仅改变原矩阵的行数和列数,并不改变原矩阵元素的个数及其存储顺序。

例 3 - 4　建立 4 阶魔方矩阵 A,求矩阵 A 的转置矩阵 B,然后将矩阵 B 重组成 2×8 的矩阵 C。

在命令窗口输入如下命令:

```
A = magic(4);
B = A'
```

执行命令后,返回结果:

```
B =
    16     5     9     4
     2    11     7    14
     3    10     6    15
    13     8    12     1
```

继续在命令窗口输入命令:

```
C = reshape(B,2,8)
```

执行命令后,返回结果:

```
C =
    16     3     5    10     9     6     4    15
     2    13    11     8     7    12    14     1
```

3.2.3　矩阵的旋转与翻转

1. 矩阵的旋转

B＝rot90(A,k):将矩阵 A 按逆时针旋转 90°的 k 倍得矩阵 B,当 k 为 1 时可省略。

2. 矩阵的翻转

矩阵的翻转分为左右翻转和上下翻转。左右翻转是指将矩阵的第一列和最后一列调换,第二列和倒数第二列调换,……,依此类推。上下翻转是指将矩阵的第一行和最后一行调换,第二行和倒数第二行调换,……,依此类推。

B＝fliplr(A):对矩阵 **A** 实施左右翻转得矩阵 **B**。

B＝flipud(A):对矩阵 **A** 实施上下翻转得矩阵 **B**。

例 3 - 5 建立矩阵 **A**,对矩阵 **A** 实施上下翻转。

在命令窗口输入如下命令:

```
A=[1 2 3 4;5 6 7 8;9 10 11 12;13 14 15 16];
flipud(A)
```

执行命令后,返回结果:

```
ans =
    13    14    15    16
     9    10    11    12
     5     6     7     8
     1     2     3     4
```

3.3 矩阵求逆

3.3.1 矩阵求逆与伪逆

设 **A** 是方阵,若存在与 **A** 同阶的方阵 **B**,使得

$$AB = BA = I(I \text{ 为单位矩阵})$$

则称 **B** 为 **A** 的逆矩阵,**A** 也称为 **B** 的逆矩阵。

如果矩阵 **A** 不是方阵,或者 **A** 是非满秩的方阵时,矩阵 **A** 没有逆矩阵,但可以找到一个与 **A** 的转置矩阵 A^T 同型的矩阵 **B**,使得

$$ABA = A, BAB = B$$

则称矩阵 **B** 为矩阵 **A** 的伪逆,也称为广义逆矩阵。下面为求逆矩阵与伪逆矩阵的调用格式。

B＝inv(A):求方阵 **A** 的逆矩阵 **B**。

B＝pinv(A):求矩阵 **A** 的伪逆矩阵 **B**。

3.3.2 用矩阵求逆方法求解线性方程组

对于线性方程组 $Ax = b$,当 **A** 可逆时,线性方程组存在唯一解 $x = A^{-1}b$。因此,可以利用矩阵求逆函数 inv 求解线性方程组。

例 3 - 6 求解线性方程组

$$\begin{cases} x_1 - 2x_2 + 3x_3 = 8 \\ 4x_1 + x_3 = 5 \\ -x_1 + 2x_2 - x_3 = 9 \end{cases}$$

在命令窗口输入如下命令：

```
A=[1 -2 3;4 0 1;-1 2 -1];
b=[8 5 9]';
x=inv(A)*b    %等价于 x=A\b
```

执行命令后,返回结果：

```
x =
  -0.8750
   8.3125
   8.5000
```

例 3-7　求矩阵 $\boldsymbol{X}$，使其满足 $\boldsymbol{AXB}=\boldsymbol{C}$，其中

$$\boldsymbol{A}=\begin{pmatrix} 1 & 2 & 3 \\ 2 & 2 & 1 \\ 3 & 4 & 3 \end{pmatrix}, \boldsymbol{B}=\begin{pmatrix} 2 & 1 \\ 5 & 3 \end{pmatrix}, \boldsymbol{C}=\begin{pmatrix} 1 & 3 \\ 2 & 0 \\ 3 & 1 \end{pmatrix}.$$

在命令窗口输入如下命令：

```
A=[1 2 3;2 2 1;3 4 3];
B=[2 1;5 3];
C=[1 3;2 0;3 1];
X=inv(A)*C*inv(B)
```

执行命令后,返回结果：

```
X =
   -2.0000    1.0000
   10.0000   -4.0000
  -10.0000    4.000
```

3.4　矩阵求值

d=det(A):求方阵 $\boldsymbol{A}$ 对应的行列式值 d。

r=rank(A):求矩阵 $\boldsymbol{A}$ 的秩 r。

t=trace(A):求矩阵 $\boldsymbol{A}$ 的迹 t。

n=norm(A,1):计算向量或矩阵 $\boldsymbol{A}$ 的 1-范数 n。

n=norm(A)或 n=norm(A,2):计算向量或矩阵 $\boldsymbol{A}$ 的 2-范数 n。

n＝norm(A,inf)：计算向量或矩阵 $\boldsymbol{A}$ 的 ∞－范数 n。

c＝cond(A,1)：计算矩阵 $\boldsymbol{A}$ 的 1－条件数 c。

c＝cond(A)或 c＝cond(A,2)：计算矩阵 $\boldsymbol{A}$ 的 2－条件数 c。

c＝cond(A,inf)：计算矩阵 $\boldsymbol{A}$ 的 ∞－条件数 c。

说明：

（1）矩阵线性无关的行数或列数称为矩阵的秩。

（2）矩阵的迹等于矩阵的对角线元素之和，也等于矩阵的特征值之和。

（3）向量或矩阵的范数是用来度量向量或矩阵在某种意义下的长度。向量或矩阵的范数各有多种定义方法，但常用的向量或矩阵范数各有 3 种。设向量 $\boldsymbol{v}=(v_1,v_2,\cdots,v_n)$，三种常用的向量范数分别定义为

$$\| \boldsymbol{v} \|_1 = \sum_{i=1}^{n} |v_i| \quad （1-范数）;$$

$$\| \boldsymbol{v} \|_2 = \sqrt{\sum_{i=1}^{n} v_i^2} \quad （2-范数）;$$

$$\| \boldsymbol{v} \|_\infty = \max_{1 \leqslant i \leqslant n} \{|v_i|\} \quad （\infty-范数）.$$

设矩阵 $\boldsymbol{A}=(a_{ij})_{m\times n}$，三种常用的矩阵范数分别定义为

$$\| \boldsymbol{A} \|_1 = \max_{1 \leqslant j \leqslant n} \left\{ \sum_{i=1}^{m} |a_{ij}| \right\} \quad （1-范数）;$$

$$\| \boldsymbol{A} \|_2 = \sqrt{\lambda} \quad （2-范数，其中 \lambda 为 \boldsymbol{A}^{\mathrm{T}}\boldsymbol{A} 的最大特征值）;$$

$$\| \boldsymbol{A} \|_\infty = \max_{1 \leqslant i \leqslant m} \left\{ \sum_{j=1}^{n} |a_{ij}| \right\} \quad （\infty-范数）.$$

（4）在求解线性方程组 $\boldsymbol{Ax}=\boldsymbol{b}$ 时，若系数矩阵 $\boldsymbol{A}$ 的个别元素的极小扰动会引起解的很大变化，此时称矩阵 $\boldsymbol{A}$ 为病态矩阵，对应的线性方程组 $\boldsymbol{Ax}=\boldsymbol{b}$ 是不稳定的。描述矩阵是否为病态矩阵的一个参数是条件数。一般而言，条件数越接近于 1，矩阵的性能越好；反之，矩阵的性能越差。设矩阵 $\boldsymbol{A}=(a_{ij})_{m\times n}$，它的条件数是由对应的范数进行定义，三种常用的条件数分别定义为

$$\mathrm{cond}_1(\boldsymbol{A}) = \| \boldsymbol{A} \|_1 \cdot \| \boldsymbol{A}^{-1} \|_1 （1-条件数）;$$

$$\mathrm{cond}_2(\boldsymbol{A}) = \| \boldsymbol{A} \|_2 \cdot \| \boldsymbol{A}^{-1} \|_2 （2-条件数）;$$

$$\mathrm{cond}_\infty(\boldsymbol{A}) = \| \boldsymbol{A} \|_\infty \cdot \| \boldsymbol{A}^{-1} \|_\infty （\infty-条件数）.$$

例 3-8 求向量 $\boldsymbol{x}=(0,1,2,3)$ 的三种常用范数。

在命令窗口输入如下命令：

```
x = [0 1 2 3];
n1 = norm(x, 1)
n2 = norm(x)
n3 = norm(x, inf)
```

执行命令后,分别返回结果:

```
n1 =
      6
n2 =
    3.7417
n3 =
      3
```

例 3 - 9　求符合标准正态分布的 4 阶矩阵的三种常用范数。

```
A = randn(4);
n1 = norm(A,1)
n2 = norm(A)
n3 = norm(A, inf)
```

执行命令后,分别返回结果:

```
n1 =
   10.7326
n2 =
    6.1093
n3 =
    5.9741
```

例 3 - 10　给定线性方程组

$$\begin{pmatrix} 1/2 & 1/3 & 1/4 \\ 1/3 & 1/4 & 1/5 \\ 1/4 & 1/5 & 1/6 \end{pmatrix} \begin{pmatrix} x_1 \\ x_2 \\ x_3 \end{pmatrix} = \begin{pmatrix} 0.95 \\ 0.67 \\ 0.52 \end{pmatrix}$$

(1) 求方程组的解。

(2) 将方程组右边向量的第 3 个元素改为 0.53,再求方程组的解。

(3) 计算系数矩阵的条件数并分析结论。

在命令窗口输入如下命令:

```
A = [1/2 1/3 1/4;1/3 1/4 1/5;1/4 1/5 1/6];
b = [0.95;0.67;0.52];
x = inv(A) * b
```

执行命令后,返回结果:

```
x =
    1.2000
    0.6000
    0.6000
```

继续在命令窗口输入命令:

```
b1 = [0.95;0.67;0.53];
x1 = inv(A) * b1
```

执行命令后,返回结果:

```
x1 =
     3.0000
   - 6.6000
     6.6000
```

观察两次求解的结果,当方程组右边向量的第 3 个元素发生较小的改变时,方程组的解发生了很大的变化,这表明该方程组是不稳定的。下面求出系数矩阵的条件数(三种常见条件数任选一种即可)加以佐证。在命令窗口输入命令:

```
cond(A,1)
```

执行命令后,返回结果:

```
ans =
   2.0150e + 03
```

由此可知,系数矩阵的条件数相对较大,故系数矩阵为病态矩阵,对应的线性方程组是不稳定的。

3.5 矩阵求特征值与特征向量

E＝eig(A):求矩阵 **A** 的全部特征值,构成向量 **E**。

[V,D]＝eig(A):对矩阵 **A** 做相似变换后求 **A** 的特征值构成对角阵 **D** 和特征向量构成矩阵 **V** 的列向量。

[V,D]＝eig(A,'nobalance'):直接求矩阵 **A** 的特征值构成对角阵 **D** 和特征向量构成矩阵 **V** 的列向量。

例 3 - 11   求 3 阶魔方矩阵 **A** 的特征值和特征向量。

在命令窗口输入如下命令:

```
A = magic(3);
[v,d] = eig(A)
```

执行命令后,返回结果:

```
v =
   - 0.5774   - 0.8131   - 0.3416
   - 0.5774     0.4714   - 0.4714
   - 0.5774     0.3416     0.8131
```

```
d =
    15.0000         0         0
         0    4.8990         0
         0         0   -4.8990
```

由此可知,矩阵 A 的 3 个特征值为 15.0000、4.8990 和 -4.8990,各特征值对应的特征向量分别是(-0.5774;-0.5774;-0.5774)、(-0.8131;0.4714;0.3416)和(-0.3416;-0.4714;0.8131)。

 本章小结

本章主要介绍了 MATLAB 提取子矩阵,MATLAB 提取矩阵对角线元素及生成对角矩阵,MATLAB 求矩阵的逆及求解线性方程组,MATLAB 的矩阵求值。为便于读者使用,下面将本章中的主要 MATLAB 函数及其功能进行汇总。

函　数	功　能	函　数	功　能
diag	提取矩阵的对角线元素	triu	求矩阵对应的上三角阵
tril	求矩阵对应的下三角阵	reshape	将矩阵重新排列成新的矩阵
rot90	将矩阵按逆时针旋转	fliplr	对矩阵实施左右翻转
flipud	对矩阵实施上下翻转	inv	求方阵的逆矩阵
det	求方阵对应的行列式值	rank	求矩阵的秩
trace	求矩阵的迹	norm	计算向量或矩阵的范数
cond	计算矩阵的条件数	eig	求矩阵的特征值和特征向量

 习题 3

一、填空题

1. 提取矩阵 A 的第 4 列元素构成一个向量的命令为_____。

2. 提取矩阵 A 的第 1、2、5 行以及第 3、4、7 列元素构成新矩阵的命令为_____。

3. 设矩阵 A 为 3 阶方阵,提取矩阵 A 的第—1 条对角线元素的命令为_____。

4. 提取矩阵 A 对应的上三角矩阵的命令为_____。

5. 将矩阵 A 进行上下翻转的命令为_____。

二、判断题

1. 命令 V＝diag(A) 的功能是提取矩阵 **A** 的主对角元素构成行向量 **V**。（　）

2. 设 **A** 为一个 4 阶方阵，diag(diag(A)) 的功能是生成一个 4 阶对角矩阵，且主对角线上的元素与 **A** 的主对角线上的元素相同。（　）

3. 设 V＝[1,2,3,4]，则命令 W＝V′ 得到的结果与命令 W＝[1;2;3;4] 得到的结果相同。（　）

4. 设 **A** 为一个 5 阶魔方阵，sqrt(A) 的功能是生成一个 5 阶矩阵，且该矩阵的各元素是 **A** 中各对应元素求平方根后的结果。（　）

5. A(1,:)＝[ ] 的功能是删除矩阵 **A** 的第 1 行元素。（　）

三、应用题

首先建立一个 4 阶方阵 **A**，然后求下列结果：

(1) 求 **A** 的逆矩阵。

(2) 求 **A** 的行列式值。

(3) 求 **A** 的秩。

(4) 求 **A** 的迹。

(5) 求 **A** 的 1—范数。

(6) 求 **A** 的 ∞—范数下的条件数。

(7) 求 **A** 的特征值。

实验 3

一、实验目的

1. 掌握 MATLAB 提取子矩阵的方法。

2. 掌握 MATLAB 矩阵结构调整方法。

3. 掌握 MATLAB 矩阵求逆及线性方程组的求解。

4. 掌握 MATLAB 矩阵求值及矩阵特征值与特征向量的计算。

二、实验内容

1. 建立一个 4 阶魔方矩阵 **A**。

(1) 提取 **A** 的第 1、2、5 行与第 2、4 列元素生成子矩阵 **B**。

(2) 删除 **B** 的第 3 行元素。

2. 建立一个 4 阶矩阵 **A**，要求

(1) 矩阵 **A** 中的元素为随机均匀分布在 20～40 之间的整数。

(2) 生成矩阵 **A** 对应的对角矩阵 **B**。

(3) 求矩阵 **A** 对应的上三角矩阵 **C** 和下三角矩阵 **D**。

3. 建立一个符合标准正态分布的 3 阶随机矩阵 **A**，并完成下列操作：

(1) 求矩阵 **A** 的行列式值、迹、秩和 3 种常用范数。

(2) 求方程组 **Ax**＝**b** 的解，其中 **b**＝$(-1,2,1)^{\mathrm{T}}$。

4. 设 $A = \begin{pmatrix} -1 & 1 & 0 \\ -4 & 3 & 0 \\ 1 & 0 & 2 \end{pmatrix}$，求 A 的特征值和特征向量。

5. 设有线性方程组

$$\begin{cases} 12x_1 + 35x_2 = 59 \\ 12x_1 + 35.000001x_2 = 59.000001 \end{cases} \qquad ①$$

（1）求解该方程组①。

（2）若第二个方程的系数有一个微小的扰动，方程组变为

$$\begin{cases} 12x_1 + 35x_2 = 59 \\ 12x_1 + 34.999999x_2 = 59.000002 \end{cases} \qquad ②$$

求解方程②并与方程组①的解进行对比，分析其原因。

4 第 四 章

MATLAB 数据统计分析基础

在实际应用中，经常需要对各种数据进行统计分析，以便为科学决策提供依据。在MATLAB中，由于矩阵的每行或每列元素都可代表被测向量的观测值，因此，很容易通过对矩阵元素进行操作来实现数据的统计分析。本章将主要介绍MATLAB读取外部数据，包括读取外部文本数据、Excel表格数据；MATLAB数据统计分析方法，包括MATLAB求数据的最大值与最小值、对数据进行排序、求数据的均值与中值、求数据的和与积、求数据的累加和与累乘积、求数据的标准差与方差、求数据的协方差与相关系数等。

4.1 外部数据的读取

除了可以读取内部数据，MATLAB也可读取外部数据。在MATLAB中，较为常用的有外部文本数据读取、Excel表格数据读取等两种外部数据读取方法。

4.1.1 外部文本数据的读取

MATLAB可以读取利用文本编辑器编辑的矩阵，矩阵元素之间用空格分隔，并按行列进行排放。MATLAB读取外部文本数据的函数是load，其调用格式为：

load 文件名

例4-1 首先在文本文档中输入数据，如图4-1所示。

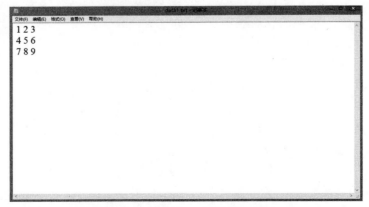

图4-1 在文本文档中输入数据

然后保存为文本文件 data1.txt,并将文件存储在 MATLAB 的当前目录文件夹中。在命令窗口中输入命令:

```
load data1.txt
data1
```

执行命令后,返回结果:

```
data1 =
    1    2    3
    4    5    6
    7    8    9
```

> **说明:** 在读取外部文本数据时,务必要注意外部文本文件的存储路径。要么将外部文本文件存储在 MATLAB 的当前目录文件夹中,要么在读取时指定详细的存储路径。例如,若文本文件 data1.txt 的存储路径为"C:\Users\kuky\Desktop",则 MATLAB 读取该文本数据的命令应为:
>
> ```
> load C:\Users\kuky\Desktop\data1.txt
> ```

4.1.2 Excel 表格数据的读取

MATLAB 可将 Excel 表格中的数据以矩阵形式进行读取。MATLAB 读取 Excel 表格数据的函数是 xlsread,其调用格式为:

```
data = xlsread('filename','sheet','range')
```

其中,filename 是带后缀的 Excel 文件名,若文件未存储在当前目录文件夹中,则需指定文件的详细存储路径;sheet 是数据表名称,若只有 1 个数据表,可省略;range 是数据在数据表中的具体位置,例如"A1:A13",若读取整个数据表的数据,则可省略。

例 4 - 2 将某次实验测得的假人皮肤外侧温度数据保存到 Excel 文件"data2.xls"中,文件内容见表 4 - 1 所示。

表 4 - 1 某次实验测得的假人皮肤外侧温度数据

时间（s）	温度（℃）	时间（s）	温度（℃）
0	37.00	6	37.00
1	37.00	7	37.00
2	37.00	8	37.00
3	37.00	9	37.00
4	37.00	...	...
5	37.00		

首先将 Excel 文件存储在 MATLAB 的当前目录文件夹中,然后在命令窗口中输入如下命令:

```
I = xlsread('data2.xls');
```

执行命令后，MATLAB 将 Excel 表格数据对应的矩阵赋值给变量 I。可在工作空间窗口中查看变量 I 的结果，如图 4-2 所示。

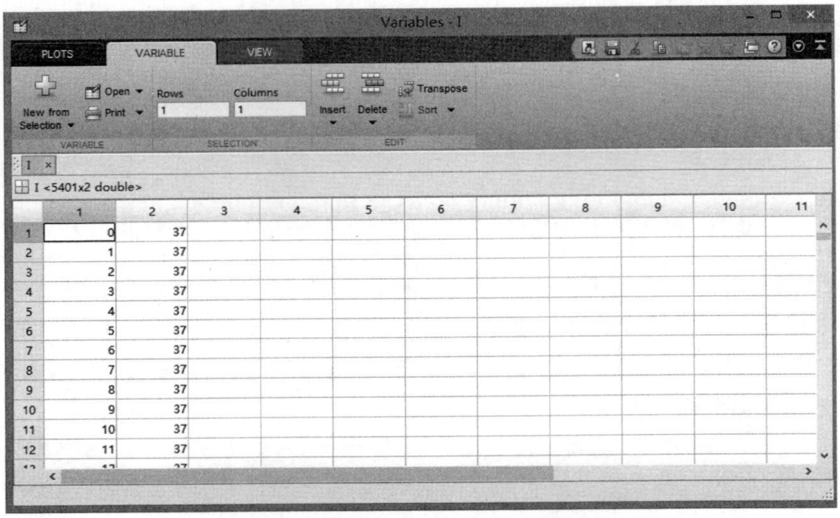

图 4-2　读取 Excel 表格数据结果

> **说明：**
>
> （1）在读取 Excel 表格数据时，务必要注意 Excel 文件的存储路径。要么将 Excel 文件存储在 MATLAB 的当前目录文件夹中，要么在读取时指定详细的存储路径。例如，若 Excel 文件 data2.xls 的存储路径为"C:\Users\kuky\Desktop"，则 MATLAB 读取 Excel 表格数据的命令应为：
>
> ```
> I = xlsread('C:\Users\kuky\Desktop\data2.xls');
> ```
>
> （2）在读取 Excel 表格数据时，务必要指定 Excel 文件的后缀名。Excel 2003 及以前版本的后缀名为.xls，而 Excel 2003 以后版本的后缀名为.xlsx。例如，若将 Excel 2010 版建立的 data2.xlsx 文件存储在当前文件夹中，则 MATLAB 读取 Excel 表格数据并将其对应的矩阵赋值给变量 I 的命令应为：
>
> ```
> I = xlsread('data2.xlsx');
> ```

4.2　数据的最大值与最小值

4.2.1　向量的最大值与最小值

MATLAB 提供的求数据序列最大值和最小值的函数分别为 max 和 min。利用 max

函数求向量 **X** 的最大值有以下 2 种调用格式。

y＝max(X)：求向量 **X** 的最大值，结果赋值给变量 y。如果向量 **X** 中的元素包含复数，则按模取最大值。

[y,I]＝max(X)：求向量 **X** 的最大值与最大值对应的序号，结果分别赋值给变量 y 与 I。 如果向量 **X** 中的元素包含复数，则按模取最大值。

利用 min 函数求向量 **X** 最小值的用法和 max 函数完全相同。

例 4-3　设向量 $x＝(1+i,-2,3-i,-4,-2+i,3)$。

（1）求该向量的最大值。

（2）求该向量的最小值及其对应的序号。

在命令窗口中输入如下命令：

```
x = [1 + i, - 2,3 - i, - 4, - 2 + i,3];
y1 = max(x)
[y2,I] = min(x)
```

执行命令后，分别返回结果：

```
y1 =
    - 4
y2 =
  1.0000 + 1.0000i
I =
    1
```

4.2.2　矩阵的最大值和最小值

在 MATLAB 中，利用 max 函数求矩阵 **A** 的最大值有以下 5 种调用格式。

v＝max(A)：求矩阵 **A** 每列元素的最大值，构成行向量 **v**。

[v,I]＝max(A)：求矩阵 **A** 每列元素的最大值及其对应的行号，分别构成行向量 **v** 与行向量 **I**。

v＝max(A,[],dim)：dim 取 1 或 2。dim 取 1 时，该函数与 max(A)等价；dim 取 2 时，该函数求矩阵 **A** 每行元素的最大值，构成列向量 **v**。

[v,I]＝max(A,[],dim)：dim 取 1 或 2。dim 取 1 时，该函数与[v,I]＝max(A)等价；dim 取 2 时，该函数求矩阵 **A** 每行元素的最大值及其对应的列号，分别构成列向量 **v** 与列向量 **I**。

y＝max(max(A))或 y＝max(A(:))：求矩阵 **A** 所有元素的最大值，结果赋值给变量 y。

利用 min 函数求矩阵 **A** 最小值的用法和 max 函数完全相同。

例 4-4　设 $A=\begin{pmatrix} 2 & -1 & 1 & 2 \\ -3 & 4 & -1 & 2 \\ 3 & -8 & -4 & 6 \\ 2 & -2 & 3 & -3 \end{pmatrix}$。

（1）求该矩阵每列元素的最大值。

（2）求该矩阵每行元素的最小值及其对应的列号。

（3）求矩阵所有元素的最小值。

在命令窗口中输入如下命令：

```
A = [2 -1 1 2;-3 4 -1 2;3 -8 -4 6;2 -2 3 -3];
y1 = max(A)
[y2,I] = min(A,[ ],2)
y3 = min(A(:))
```

执行命令后，分别返回结果：

```
y1 =
     3    4    3    6
y2 =
   -1
   -3
   -8
   -3
I =
    2
    1
    2
    4
y3 =
   -8
```

4.2.3　两个向量或矩阵对应元素的比较

函数 max 和 min 除了用于求向量或矩阵的最大值与最小值，还可以用于对两个同型向量或矩阵对应的元素进行比较，有以下 2 种调用格式。

C＝max(A,B)：对同型向量或矩阵 *A*、*B* 对应的元素进行比较，结果 *C* 是与 *A*、*B* 同型的向量或矩阵，*C* 中的每个元素为 *A*、*B* 对应元素的较大者。

C＝max(A,n)：对向量或矩阵 *A* 的每一个元素与标量 *n* 进行逐一比较，结果 *C* 是与 *A* 同型的向量或矩阵，*C* 的每个元素等于 *A* 对应元素和 *n* 中的较大者。

利用 min 函数对两个同型向量或矩阵对应的元素进行比较的用法和 max 函数完全相同。

例 4-5　设 $A = \begin{pmatrix} 2 & -1 & 1 & 2 \\ -3 & 4 & -1 & 2 \\ 3 & -8 & -4 & 6 \\ 2 & -2 & 3 & -3 \end{pmatrix}$，$x = -2$，求矩阵 *A* 各元素与 *x* 的较大元素构成的矩阵 *B*。

在命令窗口中输入如下命令：

```
A = [2 -1 1 2;-3 4 -1 2;3 -8 -4 6;2 -2 3 -3];
x = -2;
B = max(A,x)
```

执行命令后，返回结果：

```
B =
     2    -1     1     2
    -2     4    -1     2
     3    -2    -2     6
     2    -2     3    -2
```

4.3　数据的排序

4.3.1　向量元素的排序

MATLAB 提供的对数据进行排序的函数是 sort。利用 sort 函数对向量进行排序，有以下 6 种调用格式。

Y＝sort(X)：对向量 X 中的元素按升序排列后得到向量 Y。

[Y,I]＝sort(X)：对向量 X 中的元素按升序排列后得到向量 Y，向量 I 记录 Y 中的元素在 X 中的位置。

Y＝sort(X,'ascend')：对向量 X 中的元素按升序排列后得到向量 Y，与 Y＝sort(X) 等价。

[Y,I]＝sort(X,'ascend')：对向量 X 中的元素按升序排列后得到向量 Y，向量 I 记录 Y 中的元素在 X 中的位置，与[Y,I]＝sort(X)等价。

Y＝sort(X,'descend')：对向量 X 中的元素按降序排列后得到向量 Y。

[Y,I]＝sort(X,'descend')：对向量 X 中的元素按降序排列后得到向量 Y，向量 I 记录 Y 中的元素在 X 中的位置。

说明：如果向量 X 中的元素包含复数，则 sort 函数按模的大小进行排序。

例 4-6　设向量 $x =(-1,-2,2,-4,1,-3)$。

（1）对该向量的元素按升序进行排序。

（2）对该向量的元素按降序进行排序，并记录排序后各元素原来的位置。

在命令窗口中输入如下命令：

```
x = [-1 -2 2 -4 1 -3];
y1 = sort(x)
[y2,I] = sort(x,'descend')
```

执行命令后,分别返回结果:

```
y1 =
    -4    -3    -2    -1     1     2
y2 =
     2     1    -1    -2    -3    -4
I =
     3     5     1     2     6     4
```

4.3.2 矩阵元素的排序

利用 sort 函数对矩阵元素进行排序有以下几种调用格式。

B=sort(A)或 B=sort(A,'ascend'):对矩阵 A 的每列元素按升序排列后得到矩阵 B。

[B,K]=sort(A)或[B,K]=sort(A,'ascend'):对矩阵 A 的每列元素按升序排列后得到矩阵 B,矩阵 K 记录 B 中的元素在 A 中的行号。

B=sort(A,dim)或 B=sort(A,dim,'ascend'):dim 取 1 或 2。dim 取 1 时,该函数与 B=sort(A)或 B=sort(A,'ascend')等价;dim 取 2 时,对矩阵 A 的每行元素按升序排列后得到矩阵 B。

[B,k]=sort(A,dim)或[B,k]=sort(A,dim,'ascend'):dim 取 1 或 2。dim 取 1 时,该函数与[B,K]=sort(A)或[B,K]=sort(A,'ascend')等价;dim 取 2 时,对矩阵 A 的每行元素按升序排列后得到矩阵 B,矩阵 K 记录 B 中的元素在 A 中的列号。

B=sort(A,dim,'descend'):dim 取 1 或 2。dim 取 1 时,对矩阵 A 的每列元素按降序排列后得到矩阵 B;dim 取 2 时,对矩阵 A 的每行元素按降序排列后得到矩阵 B。

[B,K]=sort(A,dim,'descend'):dim 取 1 或 2。dim 取 1 时,对矩阵 A 的每列元素按降序排列后得到矩阵 B,矩阵 K 记录 B 中的元素在 A 中的行号;dim 取 2 时,对矩阵 A 的每行元素按降序排列后得到矩阵 B,矩阵 K 记录 B 中的元素在 A 中的列号。

例 4-7 设 $A = \begin{bmatrix} 2 & -1 & 1 & 2 \\ -3 & 4 & -1 & 2 \\ 3 & -8 & -4 & 6 \\ 2 & -2 & 3 & -3 \end{bmatrix}$。

(1) 对该矩阵的每列元素按升序进行排序。

(2) 对该矩阵的每行元素按降序进行排序。

在命令窗口中输入如下命令:

```
A = [2 -1 1 2; -3 4 -1 2; 3 -8 -4 6; 2 -2 3 -3];
B = sort(A)
C = sort(A, 2, 'descend')
```

执行命令后,分别返回结果:

```
B =
    -3    -8    -4    -3
     2    -2    -1     2
     2    -1     1     2
     3     4     3     6
C =
     2     2     1    -1
     4     2    -1    -3
     6     3    -4    -8
     3     2    -2    -3
```

4.4　数据的均值与中值

MATLAB 提供的求数据序列算术平均值（简称为均值）的函数是 mean，求数据序列中值的函数是 median，下面为两个函数的调用格式。

a＝mean(X)：求向量 X 的均值，结果赋值给变量 a。

a＝median(X)：求向量 X 的中值，结果赋值给变量 a。

U＝mean(A)：求矩阵 A 每列元素的均值，行向量 U 的第 j 个元素是矩阵 A 的第 j 列元素的均值。

U＝mean(A,dim)：dim 取 1 或 2。dim 取 1 时，该函数等价于 U＝mean(A)；dim 取 2 时，求矩阵 A 每行元素的均值，列向量 U 的第 i 个元素是矩阵 A 的第 i 行元素的均值。

V＝median(A)：求矩阵 A 每列元素的中值，行向量 V 的第 i 个元素是矩阵 A 的第 i 列元素的中值。

V＝median(A,dim)：dim 取 1 或 2。dim 取 1 时，该函数等价于 V＝median(A)；dim 取 2 时，求矩阵 A 每行元素的中值，列向量 V 的第 i 个元素是矩阵 A 的第 i 行元素的中值。

例 4-8　设 $x=(-1,-2,2,-4,1,-3)$，$A=\begin{bmatrix} 2 & -1 & 1 & 2 \\ -3 & 4 & -1 & 2 \\ 3 & -8 & -4 & 6 \\ 2 & -2 & 3 & -3 \end{bmatrix}$。

（1）求向量 x 的中值。

（2）求矩阵 A 每行元素的均值。

（3）求矩阵 A 所有元素的中值。

在命令窗口中输入如下命令：

```
x = [ -1 -2 2 -4 1 -3];
A = [2 -1 1 2; -3 4 -1 2; 3 -8 -4 6; 2 -2 3 -3];
y = median(x)
v = mean(A, 2)
a = median(A(:))
```

执行命令后,分别返回结果:

```
y =
   -1.5000
v =
    1.0000
    0.5000
   -0.7500
         0
a =
    1.5000
```

4.5 数据的和与积

MATLAB 提供的求数据序列的和与积的函数分别是 sum 与 prod,下面为两个函数的调用格式。

S=sum(X):求向量 X 各元素的和,结果赋值给变量 S。

U=sum(A):求矩阵 A 每列元素的和,行向量 U 的第 j 个元素是矩阵 A 第 j 列元素的和。

U=sum(A,dim):dim 取 1 或 2。dim 取 1 时,该函数等价于 U=sum(A);dim 为 2 时,求矩阵 A 每行元素的和,列向量 U 的第 i 个元素是矩阵 A 第 i 行元素的和。

P=prod(X):求向量 X 各元素的积,结果赋值给变量 P。

V=prod(A):求矩阵 A 每列元素的积,行向量 V 的第 j 个元素是矩阵 A 第 j 列元素的积。

V=prod(A,dim):dim 取 1 或 2。dim 取 1 时,该函数等价于 V=prod(A);dim 为 2 时,求矩阵 A 每行元素的积,列向量 V 的第 i 个元素是矩阵 A 第 i 行元素的积。

例 4-9 设 $x = (-1, -2, 2, -4, 1, -3)$,$A = \begin{pmatrix} 2 & -1 & 1 & 2 \\ -3 & 4 & -1 & 2 \\ 3 & -8 & -4 & 6 \\ 2 & -2 & 3 & -3 \end{pmatrix}$。

(1)求向量 x 各元素的积。

(2)求矩阵 A 每行元素的和。

（3）求矩阵 **A** 所有元素的积。

在命令窗口中输入如下命令：

```
x=[-1 -2 2 -4 1 -3];
A=[2 -1 1 2;-3 4 -1 2;3 -8 -4 6;2 -2 3 -3];
s=prod(x)
v=sum(A,2)
a=prod(A(:))
```

执行命令后，分别返回结果：

```
s =
      48
v =
      4
      2
     -3
      0
a =
  -1990656
```

4.6 数据的累加和与累乘积

设向量 $\boldsymbol{X}=(x_1,x_2,\cdots,x_n)$，称向量

$$\boldsymbol{U}=\left(\sum_{i=1}^{1}x_i,\sum_{i=1}^{2}x_i,\cdots,\sum_{i=1}^{n}x_i\right)$$

为向量 $\boldsymbol{X}$ 的累加和向量，向量

$$\boldsymbol{V}=\left(\prod_{i=1}^{1}x_i,\prod_{i=1}^{2}x_i,\cdots,\prod_{i=1}^{n}x_i\right)$$

为向量 $\boldsymbol{X}$ 的累乘积向量。

MATLAB 提供的求向量的累加和向量与累乘积向量的函数分别是 cumsum 与 cumprod，下面为两个函数的调用格式。

U=cumsum(X)：求向量 $\boldsymbol{X}$ 的累加和向量，结果赋值给向量 $\boldsymbol{U}$。

B=cumsum(A)：求矩阵 $\boldsymbol{A}$ 每列元素的累加和向量，矩阵 $\boldsymbol{B}$ 的第 j 列是矩阵 $\boldsymbol{A}$ 第 j 列元素的累加和向量。

B=cumsum(A,dim)：dim 取 1 或 2。dim 取 1 时，该函数等价于 B=cumsum(A)；dim 为 2 时，求矩阵 $\boldsymbol{A}$ 每行元素的累加和向量，矩阵 $\boldsymbol{B}$ 的第 i 行是矩阵 $\boldsymbol{A}$ 第 i 行元素的累加和向量。

V＝cumprod(X)：求向量 **X** 的累乘积向量，结果赋值给向量 **V**。

C＝cumprod(A)：求矩阵 **A** 每列元素的累乘积向量，矩阵 **C** 的第 j 列是矩阵 **A** 第 j 列元素的累乘积向量。

C＝cumprod(A,dim)：dim 取 1 或 2。dim 取 1 时，该函数等价于 C＝cumsum(A)；dim 为 2 时，求矩阵 **A** 每行元素的累乘积向量，矩阵 **C** 的第 i 行是矩阵 **A** 第 i 行元素的累乘积向量。

例 4-10　设 $x=(-1,-2,2,-4,1,-3)$，$A=\begin{pmatrix} 2 & -1 & 1 & 2 \\ -3 & 4 & -1 & 2 \\ 3 & -8 & -4 & 6 \\ 2 & -2 & 3 & -3 \end{pmatrix}$。

（1）求向量 x 的累乘积向量。

（2）求矩阵 A 每行元素的累加和向量。

在命令窗口中输入如下命令：

```
x=[-1 -2 2 -4 1 -3];
A=[2 -1 1 2;-3 4 -1 2;3 -8 -4 6;2 -2 3 -3];
U=cumprod(x)
B=cumsum(A,2)
```

执行命令后，分别返回结果：

```
U =
    -1     2     4   -16   -16    48
B =
     2     1     2     4
    -3     1     0     2
     3    -5    -9    -3
     2     0     3     0
```

4.7　数据的标准差与方差

对于数据序列 $x_i(i=1,2,\cdots,n)$，记该数据序列的均值为

$$\bar{x}=\frac{1}{n}\sum_{i=1}^{n}x_i$$

则该数据序列的标准差为

$$S_1=\sqrt{\frac{1}{n-1}\sum_{i=1}^{n}(x_i-\bar{x})^2}\ （样本标准差）$$

或

$$S_2 = \sqrt{\frac{1}{n}\sum_{i=1}^{n}(x_i-\overline{x})^2}\quad(\text{总体标准差})$$

MATLAB 提供的求数据序列标准差的函数是 std,下面为其调用格式。

S＝std(X):按 S_1 所列公式计算向量 $\boldsymbol{X}$ 的标准差,结果赋值给变量 S。

S＝std(X,flag):flag 取 0 或 1。flag 取 0 时,该函数等价于 S＝std(X);flag 取 1 时,按 S_2 所列公式计算向量 $\boldsymbol{X}$ 的标准差,结果赋值给变量 S。

V＝std(A):按 S_1 所列公式计算矩阵 $\boldsymbol{A}$ 每列元素的标准差,行向量 $\boldsymbol{V}$ 的第 j 个元素为矩阵 $\boldsymbol{A}$ 第 j 列元素的标准差。

V＝std(A,flag,dim):flag 取 0 或 1,flag 取 0 时,按 S_1 所列公式计算标准差;flag 取 1 时,按 S_2 所列公式计算标准差;dim 取 1 或 2,dim 取 1 时,求矩阵 $\boldsymbol{A}$ 每列元素的标准差;dim 取 2 时,求矩阵 $\boldsymbol{A}$ 每行元素的标准差。

数据序列的方差等于其标准差的平方,即

$$D_1 = S_1^2 = \frac{1}{n-1}\sum_{i=1}^{n}(x_i-\overline{x})^2\quad(\text{样本方差})$$

或

$$D_2 = S_2^2 = \frac{1}{n}\sum_{i=1}^{n}(x_i-\overline{x})^2\quad(\text{总体方差})$$

MATLAB 提供的求数据序列方差的函数是 var,用法与 std 函数完全相似,下面为其调用格式。

D＝var(X):按 D_1 所列公式计算向量 $\boldsymbol{X}$ 的方差,结果赋值给变量 D。

D＝var(X,flag):flag 取 0 或 1。flag 取 0 时,该函数等价于 D＝std(X);flag 取 1 时,按 D_2 所列公式计算向量 $\boldsymbol{X}$ 的方差,结果赋值给变量 D。

W＝var(A):按 D_1 所列公式计算矩阵 $\boldsymbol{A}$ 每列元素的方差,行向量 $\boldsymbol{W}$ 的第 j 个元素为矩阵 $\boldsymbol{A}$ 第 j 列元素的方差。

W＝var(A,flag,dim):flag 取 0 或 1,flag 取 0 时,按 D_1 所列公式计算方差;flag 取 1 时,按 D_2 所列公式计算方差。dim 取 1 或 2,dim 取 1 时,求矩阵 $\boldsymbol{A}$ 每列元素的方差;dim 取 2 时,求矩阵 $\boldsymbol{A}$ 每行元素的方差。

例 4 - 11 设 $\boldsymbol{x}=(-1,-2,2,-4,1,-3)$,$\boldsymbol{A}=\begin{pmatrix} 2 & -1 & 1 & 2 \\ -3 & 4 & -1 & 2 \\ 3 & -8 & -4 & 6 \\ 2 & -2 & 3 & -3 \end{pmatrix}$。

(1) 求向量 $\boldsymbol{x}$ 的标准差和方差。

(2) 求矩阵 $\boldsymbol{A}$ 每行元素的标准差和方差。

(3) 求矩阵 $\boldsymbol{A}$ 所有元素的标准差和方差。

在命令窗口中输入如下命令:

```
x = [ -1 -2 2 -4 1 -3];
A = [2 -1 1 2; -3 4 -1 2; 3 -8 -4 6; 2 -2 3 -3];
u1 = std(x)
v1 = var(x,1)
u2 = std(A,0,2)
v2 = var(A,1,2)
u3 = std(A(:))
v3 = var(A(:),1)
```

执行命令后,分别返回结果:

```
u1 =
     2.3166
v1 =
     4.4722
u2 =
     1.4142
     3.1091
     6.3966
     2.9439
v2 =
     1.5000
     7.2500
    30.6875
     6.5000
u3 =
     3.5631
v3 =
    11.9023
```

4.8 数据的协方差与相关系数

在概率论和统计学中,协方差用于衡量两个变量的总体误差。而方差是协方差的一种特殊情况,即当两个变量是相同的情况。对于两组数据序列 x_i 与 $y_i(i=1,2,\cdots,n)$,记这两组数据序列的均值分别为

$$\bar{x} = \frac{1}{n}\sum_{i=1}^{n} x_i, \bar{y} = \frac{1}{n}\sum_{i=1}^{n} y_i$$

则这两组数据序列的样本协方差为

$$C = \frac{1}{n-1} \sum_{i=1}^{n} (x_i - \bar{x})(y_i - \bar{y})$$

MATLAB 提供的求数据序列协方差的函数是 cov，下面为其调用格式。

C＝cov(X,Y)：求向量 X 与向量 Y 的协方差矩阵 C。C 为一个 2×2 的对称矩阵，$C(1,1)$ 与 $C(2,2)$ 分别为向量 X 的自协方差和向量 Y 的自协方差，$C(1,2)$ 为向量 X 与向量 Y 的协方差，$C(2,1)$ 为向量 Y 与向量 X 的协方差，且 $C(1,2)＝C(2,1)$。

D＝cov(A)：求矩阵 A 的自协方差矩阵 D。D 为一个与 A 同型的对称矩阵，$D(i,j)$ 为矩阵 A 的第 i 列元素和第 j 列元素的协方差。

相关系数是研究变量之间线性相关程度的量。对于两组数据序列 x_i 与 y_i($i=1$,$2,\cdots,n$)，这两组数据序列的相关系数为

$$\rho = \frac{\sum_{i=1}^{n} (x_i - \bar{x})(y_i - \bar{y})}{\sqrt{\sum_{i=1}^{n} (x_i - \bar{x})^2 \sum_{i=1}^{n} (y_i - \bar{y})^2}}$$

相关系数定量地刻画了数据序列 x_i 与 y_i($i=1,2,\cdots,n$) 的相关程度，即 $|\rho|$ 越大，表明两组数据序列的相关程度越高；$|\rho|$ 越小，表明两组数据序列的相关程度越低。

MATLAB 提供的求数据序列相关系数的函数是 corrcoef，用法与 cov 函数完全相似，下面为其调用格式。

R＝corrcoef(X,Y)：求向量 X 与向量 Y 的相关系数矩阵 R。R 为一个 2×2 的对称矩阵，$R(1,1)$ 与 $R(2,1)$ 分别为向量 X 的自相关系数和向量 Y 的自相关系数，$R(1,2)$ 为向量 X 与向量 Y 的相关系数，$R(2,1)$ 为向量 Y 与向量 X 的相关系数，且 $R(1,2)＝R(2,1)$。

S＝corrcoef(A)：求矩阵 A 的自相关系数矩阵 S。S 为一个与 A 同型的对称矩阵，$S(i,j)$ 为矩阵 A 的第 i 列元素和第 j 列元素的相关系数。

例 4 - 12　设 $x = (-1, -2, 2, -4, 1, -3)$，$y = (2, -1, 0, 3, -2, 4)$，$A = \begin{bmatrix} 2 & -1 & 1 & 2 \\ -3 & 4 & -1 & 2 \\ 3 & -8 & -4 & 6 \\ 2 & -2 & 3 & -3 \end{bmatrix}$。

(1) 求向量 x 与向量 y 的协方差和相关系数。

(2) 求矩阵 A 的自协方差矩阵和自相关系数矩阵。

在命令窗口中输入如下命令：

```
x = [-1 -2 2 -4 1 -3];
y = [2, -1, 0, 3, -2, 4];
A = [2 -1 1 2; -3 4 -1 2; 3 -8 -4 6; 2 -2 3 -3];
C = cov(x, y)
R = corrcoef(x, y)
D = cov(A)
S = corrcoef(A)
```

执行命令后,分别返回结果:

```
C =
    5.3667   -3.8000
   -3.8000    5.6000
R =
    1.0000   -0.6932
   -0.6932    1.0000
D =
    7.3333  -11.6667         0    1.0000
  -11.6667   24.2500    6.4167   -7.9167
         0    6.4167    8.9167  -10.4167
    1.0000   -7.9167  -10.4167   13.5833
S =
    1.0000   -0.8749         0    0.1002
   -0.8749    1.0000    0.4364   -0.4362
         0    0.4364    1.0000   -0.9465
    0.1002   -0.4362   -0.9465    1.0000
```

由返回结果可知,向量 x 与向量 y 的协方差为$-3.800\,0$,向量 x 与向量 y 的相关系数为$-0.693\,2$。

本章小结

本章主要介绍了 MATLAB 读取外部文本数据和 Excel 表格数据的方法,利用 MATLAB 求数据的最大值与最小值、对数据进行排序、求数据的均值与中值、求数据的和与积、求数据的累加和与累乘积、求数据的标准差与方差、求数据的协方差与相关系数等 MATLAB 数据分析方法。为便于读者使用,下面将本章中的主要 MATLAB 函数(命令)及其功能进行汇总。

函数(命令)	功　能	函数(命令)	功　能
load	读取文本数据	xlsread	读取 Excel 表格数据
max	求数据的最大值	min	求数据的最小值
sort	对数据进行排序	mean	求数据的均值
median	求数据的中值	sum	求数据的和
prod	求数据的积	cumsum	求数据的累加和向量
cumprod	求数据的累乘积向量	std	求数据的标准差
var	求数据的方差	cov	求数据的协方差
corrcoef	求数据的相关系数		

习题 4

一、单选题

1. MATLAB 读取外部 Excel 表格数据的函数是（　　）。

　A. load 　　　　　　B. imread 　　　　　　C. xlswrite 　　　　　　D. xlsread

2. 设 U 为一个 m 行 n 列的矩阵，则命令 min(U) 的功能是（　　）。

　A. 计算 U 每行元素的最小值 　　　　　　B. 计算 U 每列元素的最小值

　C. 计算 U 所有元素的最小值 　　　　　　D. 计算 U 对角线元素的最小值

3. 设 $A=[1\ 2\ 3;4\ 5\ 6;7\ 8\ 9]$，则 mean(median(A,2))＝（　　）。

　A. 3 　　　　　　B. 4 　　　　　　C. 5 　　　　　　D. 6

4. 设 U 为一个 m 行 n 列的矩阵，则命令 sort(U,2) 的功能是（　　）。

　A. 对 U 每行元素按降序排序 　　　　　　B. 对 U 每行元素按升序排序

　C. 对 U 每列元素按降序排序 　　　　　　D. 对 U 每列元素按升序排序

5. 在 MATLAB 命令窗口中输入如下命令：

```
x = [1 -2 3 -4]
y = prod(x)
```

则 y 的值为（　　）。

　A. 12 　　　　　　B. -12 　　　　　　C. -24 　　　　　　D. 24

二、填空题

1. 已知 $A=[1,2,3;-1,-3,2;4,-4,3]$，则 max(max(A,[],2))＝（　　）。

2. 已知 $A=[1,2,3;-1,-3,2;4,-4,3]$，则 min(A(:))＝（　　）。

3. 已知 $x=[1,3,-1,1,5,6]$，则 median(x)＝（　　）。

4. 已知 $x=[1,3,-1,1,5,6]$，则 mean(x)＝（　　）。

5. 已知 $x=[1,3,-1,1,5,6]$，则 sum(x)＝（　　）。

三、应用题

首先建立一个大小为 $4\times1\,000$ 且数据满足标准正态分布的随机矩阵 X，然后完成下列操作：

（1）求 X 每行元素的最小值。

（2）求 X 所有元素的均值。

（3）按 S_1 所列公式计算 X 第 1 行元素与第 3 行元素的标准差。

（4）求 X 第 2 行元素与第 4 行元素的协方差。

（5）求 X 第 3 行元素与第 4 行元素的相关系数的绝对值。

 实验 4

一、实验目的

1. 掌握读取外部数据的方法。

2. 掌握数据分析的常用函数。

二、实验内容

1. 设矩阵 $A = \begin{bmatrix} 1 & 2 & 3 \\ -1 & -3 & 2 \\ 4 & -4 & 3 \end{bmatrix}$，首先建立一个 .txt 文件存储矩阵 A 的数据，然后读取

矩阵 A，并求 A 所有元素的和。

2. 首先自行建立一个 Excel 表格数据文件，然后读取该 Excel 表格数据，并求所有数据的均值。

3. 首先生成一个大小为 1 000×6 且数据均匀分布在区间 $[-10,10]$ 的随机矩阵，然后完成下列操作：

(1) 求该矩阵每列元素的和与均值。

(2) 求该矩阵第 2 行元素与第 5 行元素的方差与相关系数。

(3) 求该矩阵中正数的个数及占总数的百分比。

4. 假设某个班级有 30 名学生，某门课程的某次考试成绩（百分制取整）符合随机均匀分布，完成下列操作：

(1) 求该班成绩的最高分、最低分及相应的学生序号。

(2) 求该班成绩的平均分与标准差。

(3) 对该班的成绩从高到低进行排序，并找出相应学生的序号。

(4) 求该班成绩不及格（小于 60 分）的学生人数。

5. 首先建立向量 $x = (1!, 2!, \cdots, 100!\,)$，然后求该向量的中值。

第五章

5

MATLAB 程序控制结构基础

MATLAB 命令的执行方式有两种,一种是交互式的命令执行方式,另一种是程序式的执行方式。在解决复杂问题时,利用程序式的方式执行 MATLAB 命令具有更高的效率。而执行程序式的 MATLAB 命令需要将有关命令编成程序存储在一个文件中。本章将介绍 MATLAB 命令文件的创建与执行;MATLAB 顺序结构,主要包括数据输入、数据输出;MATLAB 选择结构,主要包括 if 语句、switch 语句;MATLAB 循环结构,主要包括 for 语句、while 语句;MATLAB 函数文件的创建与调用。

5.1 命令文件

利用 M 文件编辑/调试器编写的程序,称为 M 文件。M 文件根据调用方式的不同分为命令文件和函数文件,两种文件的扩展名均为“.m”。

在 M 文件中,命令文件实际上是一串命令的集合,与在命令窗口逐行执行文件中所有命令的结果是一样的。因此,对于一些比较简单的问题,可直接在命令窗口中输入命令,但对于相对复杂的问题,采用命令文件进行编辑与运行更为合适。

5.1.1 命令文件的创建

首先,单击主窗口左上角的“New Script”按钮或在命令窗帘中输入 edit 后回车即可打开 M 文件编辑/调试器,如图 5-1 所示。

然后,在 M 文件编辑/调试器中输入需要执行的命令(与在命令窗口输入命令的方式完全一样),如图 5-2 所示。

最后,点击 M 文件编辑/调试器的“Save”按钮即可将命令文件保存到当前文件夹中。需要注意的是,在保存命令文件时,文件名可以任意修改,但文件名必须遵循 MATLAB 变量名的命名规则。

5.1.2 命令文件的执行与打开

执行命令文件常用的方式有两种:

(1) 在命令窗口中输入某个命令文件的文件名即可执行该命令文件。

(2) 点击某个命令文件窗口(M 文件编辑/调试器)上的“Run”按钮即可执行该命令文件。

打开命令文件常用的方式有两种：

（1）在当前文件夹窗口中找到需要打开的命令文件，双击该文件或点击鼠标右键在下拉菜单中选择"Open"即可打开该命名文件。

（2）在主窗口上点击"Open"按钮，然后在对话框中选择所需打开的命令文件即可。

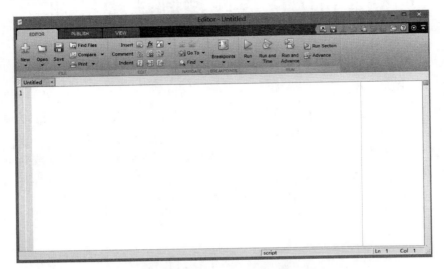

图 5-1　打开 M 文件编辑/调试器

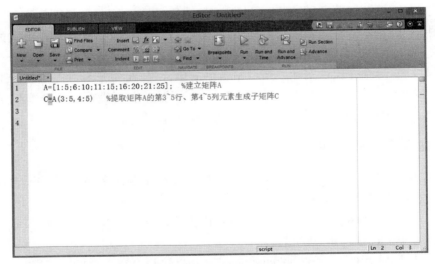

图 5-2　编辑命令文件

5.2　顺序结构

顺序结构是指按照程序中语句的排列顺序依次执行，直到程序的最后一个语句。一般涉及数据的输入、数据的计算或处理、数据的输出。

1. 数据的输入

从键盘输入数值型数据赋值给变量 a，可使用 input 函数，其调用格式为：

$$a＝input('\text{提示信息}')$$

其中提示信息为一个字符串，用于提示用户输入什么样的数据。

若要从键盘输入字符串型数据赋值给变量 ch，则 input 函数的调用格式为：

$$ch＝input('\text{提示信息}','s')$$

2. 数据的输出

数据的输出可使用 disp 函数，其调用格式为：

$$disp(\text{输出项})$$

其中输出项既可以为数值，也可以为字符串。

3. 程序的暂停

若需要暂停程序的运行，可使用 pause 函数，其调用格式为：

$$pause(n)$$

其中 n 为暂停的时间（秒）。

如果省略暂停时间，直接使用 pause，则将一直暂停程序的运行，直到用户按键盘上的任一键后再继续执行程序。

若要强行中止程序的运行可使用 Ctrl＋C 命令。

例 5 - 1　当 a,b,c 取不同值时，求对应的一元二次方程 $ax^2＋bx＋c＝0$ 的根，并要求在输出结果前暂停 5 秒后再输出。

首先打开 M 文件编辑/调试器，输入如下程序建立命令文件：

```
a = input('Please enter a:');
b = input(Please enter b:');
c = input(Please enter c:');
x = [(-b + sqrt(b * b - 4 * a * c)) /(2 * a),(-b - sqrt(b * b - 4 * a * c)) /(2 * a)];
pause(5)
disp(['x1 = ',num2str(x(1)),',x2 = ',num2str(x(2))])
```

然后点击 M 文件编辑/调试器的"Save"按钮，将文件名修改为"example1"并保存。最后在命令窗口中输入 example1 后回车即可执行所建立的命令文件，此时系统会根据 input 函数提示，要求用户分别对变量 a,b,c 进行赋值，之后会输出相应的结果。

说明：
　（1）本例程序中，num2str 函数的功能是将数值型数据转化为字符串型数据。
　（2）命令文件名可修改为符合 MATLAB 命名规则的任意名称。

5.3 选择结构

选择结构又称为分支结构,是根据不同的条件执行不同的操作。MATLAB 的选择结构语句主要有 if 语句、switch 语句和 try 语句。

5.3.1 if 语句

MATLAB 的 if 语句有 3 种格式。

1. 单分支 if 语句

单分支 if 语句的格式如下:

if 条件

　　语句组

end

单分支 if 语句的执行规则为:当条件成立时,执行语句组后结束 if 语句;当条件不成立时,直接结束 if 语句。也就是说,单分支 if 语句只有 1 条路线执行程序。

2. 双分支 if 语句

双分支 if 语句的格式如下:

if 条件

　　语句组 1

else

　　语句组 2

end

双分支 if 语句的执行规则为:当条件成立时,执行语句组 1 后结束 if 语句;当条件不成立时,执行语句组 2 后结束 if 语句。也就是说,双分支 if 语句有 2 条路线执行程序,但只选取其中 1 条路线执行程序。

例 5 - 2 输入三角形的三条边长,求该三角形的面积。

【分析】任意输入三条边长后,应根据任意两边之和是否都大于第三边的长度来判断能否构成三角形。若能构成三角形则计算其面积;否则,应给出原因。

【编程】首先打开 M 文件编辑/调试器,输入如下程序建立命令文件:

```
A = input('请输入用向量表示三条边长:');
```

％下面利用双分支 if 语句判断能否构成三角形。若能则计算面积,否则给出原因。

```
if A(1) + A(2)＞A(3)&A(1) + A(3)＞A(2)&A(2) + A(3)＞A(1)
    p = (A(1) + A(2) + A(3)) /2;
```

```
    s = sqrt(p * (p - A(1)) * (p - A(2)) * (p - A(3)));
    disp(s)
else
    disp('不能构成一个三角形')
end
```

　　然后点击 M 文件编辑/调试器的"Save"按钮,将文件名修改为"example2"并保存。最后在命令窗口中输入 example2 后回车即可执行所建立的命令文件,此时系统会根据 input 函数提示用户对向量 **A** 进行赋值,之后会输出相应的结果。

　　3. 多分支 if 语句

　　多分支 if 语句的格式如下:

if 条件 1
　　语句组 1
elseif 条件 2
　　语句组 2
　　……
elseif 条件 m
　　语句组 m
else
　　语句组 m+1
end

　　多分支 if 语句的执行规则为:当条件 1～条件 m 中的某个成立时,执行对应的语句组后结束 if 语句;当条件 1～条件 m 中都不成立时,执行语句组 $m+1$ 后结束 if 语句。也就是说,多分支 if 语句有 $m+1$ 条路线执行程序,但只选取其中 1 条路线执行程序。

　　例 5 - 3　假定某公司员工的工资计算方法为:工资按每小时 84 元计发;工作时间低于 60 小时者,扣发 700 元;工作时间超过 120 小时者,超过部分加发 15%。输入某员工的工作时间,计算应发工资。

　　【分析】若设某员工的工作时间为 t,应发工资为 y,则可建立数学模型

$$y = \begin{cases} 84t - 700 & t < 60 \\ 84t & 60 \leqslant t \leqslant 120 \\ 84 \times 120 + 84(1 + 0.15)(t - 120) & t > 120 \end{cases}$$

　　【编程】首先打开 M 文件编辑/调试器,输入如下程序建立命令文件:

```
t = input('请输入工作时间:');
if t < 60
    y = 84 * t - 700;
elseif t >= 60&t <= 120
    y = 84 * t;
else
```

```
        y = 84 * 120 + 84 * (1 + 0.15) * (t - 120);
end
y
```

然后点击 M 文件编辑/调试器的"Save"按钮,将文件名修改为"example3"并保存。最后在命令窗口中输入 example3 后回车即可执行所建立的命令文件,此时系统会根据 input 函数提示用户对变量 t 进行赋值,之后会输出相应的结果。

5.3.2 switch 语句

switch 语句根据表达式的取值不同,分别执行不同的语句,其语句格式为:

switch 表达式
  case 情况 1
   语句组 1
  case 情况 2
   语句组 2
   ……
  case 情况 m
   语句组 m
  otherwise
   语句组 m+1
end

switch 语句的执行规则为:当表达式的值等于情况 1 中的值时,执行语句组 1 后结束 switch 语句;当表达式的值等于情况 2 中的值时,执行语句组 2 后结束 switch 语句;……;当表达式的值等于情况 m 中的值时,执行语句组 m 后结束 switch 语句;当表达式的值不等于 case 所列的情况中的值时,执行语句组 $m+1$ 后结束 switch 语句。也就是说,switch 语句有 $m+1$ 条路线执行程序,但只选取其中 1 条路线执行程序。

例 5 - 4 某商场对商品实行打折销售,标准如下(商品价格用 price 来表示):

price<200	没有折扣
200≤price<500	3%折扣
500≤price<1 000	5%折扣
1000≤price<2 500	8%折扣
2500≤price<5 000	10%折扣
5000≤price	14%折扣

输入所售商品的价格,求其实际销售价格。

【分析】由于不同折扣的价格区间端点都为 100 的倍数,故可利用 fix(price/100)作为表达式,方便区分不同的情况。不同情况中的值有多个时,可将这些值用大括号括起来构成单元数据。

【编程】首先打开 M 文件编辑/调试器,输入如下程序建立命令文件:

```
price = input('请输入商品价格:');
switch fix(price /100)
    case {0,1}
        rate = 0;
    case {2,3,4}
        rate = 0.03;
    case num2cell(5:9)
        rate = 0.05;
    case num2cell(10:24)
        rate = 0.08;
    case num2cell(25:49)
        rate = 0.1;
    otherwise
        rate = 0.14;
end
price = price * (1 - rate)
```

　　然后点击 M 文件编辑/调试器的"Save"按钮,将文件名修改为"example4"并保存。最后在命令窗口中输入 example4 后回车即可执行所建立的命令文件,此时系统会根据 input 函数提示用户对变量 price 进行赋值,之后会输出相应的结果。

> **说明:**程序中,num2cell 函数的功能是数值矩阵转化为单元矩阵。例如,num2cell(5：9)等价于{5,6,7,8,9}。

5.3.3　try 语句

　　try 语句是一种试探性的选择结构,其语句格式为:

try

　　语句组 1

catch

　　语句组 2

end

　　try 语句的执行规则为:先试探性执行语句组 1,若语句组 1 没有错误,则给出结果后结束 try 语句;若语句组 1 在执行过程中出现错误,则转向执行语句组 2,给出结果后结束 try 语句,并可将执行语句组 1 的错误信息赋值给预定义变量 lasterr。

　　例 5 - 5　设 $\boldsymbol{A} = \begin{pmatrix} 1 & 2 & 3 \\ 4 & 5 & 6 \end{pmatrix}$,$\boldsymbol{B} = \begin{pmatrix} 3 & 2 & 1 \\ 6 & 5 & 4 \end{pmatrix}$,计算 $\boldsymbol{A}$ 与 $\boldsymbol{B}$ 的乘积。

　　【分析】由于矩阵 $\boldsymbol{A}$ 与 $\boldsymbol{B}$ 均为 2×3 的矩阵,故只能计算两者的点乘积。可利用 try 语句试探性的计算矩阵 $\boldsymbol{A}$ 与 $\boldsymbol{B}$ 的乘积,出错后再转向计算两者的点乘积。

　　【编程】首先打开 M 文件编辑/调试器,输入如下程序建立命令文件:

```
A = [1 2 3;4 5 6];
B = [3 2 1;6 5 4];
try
    C = A * B;
catch
    C = A.* B;
end
C
lasterr
```

然后点击 M 文件编辑/调试器的"Save"按钮,将文件名修改为"example5"并保存。最后在命令窗口中输入 example5 后回车即可执行所建立的命令文件,结果如下:

```
C =
     3     4     3
    24    25    24
ans =
Error using    *
Inner matrix dimensions must agree.
```

5.4 循环结构

循环结构是利用计算机运算速度快以及能够进行循环控制的特点,重复执行某些语句,以满足大量计算的要求。MATLAB 的循环结构语句主要有 for 语句和 while 语句。

5.4.1 for 语句

对于事先能确定循环次数的循环结构,一般使用 for 语句较为方便。for 语句的格式为:
for 循环变量＝表达式 1:表达式 2:表达式 3

　　　循环体语句

end

其中,表达式 1 为循环变量的初值,表达式 2 为步长,表达式 3 为循环变量的终值。步长为 1 时,表达式 2 可以省略。

for 语句的执行规则为:首先计算 3 个表达式的值,形成一个行向量,然后将向量中的每个元素逐个赋值给循环变量后执行一次循环体语句,直到向量的元素使用完毕后结束 for 语句。

例 5 - 6 已知 $y = 1 + 2 + \cdots + n$,当 $n = 100$ 时,求 y 的值。

【分析】从循环的角度看,这个问题可理解为前 i 个数的和 y 等于前 $i - 1$ 个数的和 y 加上 i,即 $y = y + i$。

【编程】首先打开 M 文件编辑/调试器,输入如下程序建立命令文件:

```
n = 100;
y = 0;
for i = 1:n
        y = y + i;
end
y
```

然后点击 M 文件编辑/调试器的"Save"按钮,将文件名修改为"example6"并保存。最后在命令窗口中输入 example6 后回车即可执行所建立的命令文件,结果如下:

```
y =
    5050
```

说明:在实际编程中,采用循环语句会降低执行速度。由于本例的问题可简单理解为求向量$[1,2,\cdots,n]$各元素之和,而 MATLAB 提供的 sum 函数可用于求向量各元素的和,故本例的程序可由下面的程序来代替:

```
n = 100;
f = 1:n;
y = sum(f)
```

例 5 - 7　已知 $y = n!$,当 $n = 50$ 时,求 y 的值。

【分析】从循环的角度看,这个问题可理解为前 i 个数的积 y 等于前 $i-1$ 个数的积 y 乘以 i,即 $y = y \times i$。

【编程】首先打开 M 文件编辑/调试器,输入如下程序建立命令文件:

```
n = 50;
y = 1;
for i = 1:n
        y = y * i;
end
y
```

然后点击 M 文件编辑/调试器的"Save"按钮,将文件名修改为"example7"并保存。最后在命令窗口中输入 example7 后回车即可执行所建立的命令文件,结果如下:

```
y =
    3.0414e + 64
```

说明:在实际编程中,采用循环语句会降低执行速度。由于本例的问题可简单理解为求向量 $[1,2,\cdots,n]$ 各元素之积,而 MATLAB 提供的 prod 函数可用于求向量各元素的积,故本例的程序可由下面的程序来代替:

```
n = 50;
f = 1:n;
y = prod(f)
```

例 5 - 8 已知 $\begin{cases} f_1 = 1 & n = 1 \\ f_2 = 2 & n = 2 \\ f_n = 2f_{n-1} - f_{n-2} & n > 2 \end{cases}$，求 $f_1 \sim f_{100}$ 中大于 20 的数的个数。

【分析】从第 3 个元素开始，各元素均由递推式生成，故可利用循环语句计算第 3～100 个元素的值。为方便递推式的计算，将所有元素存储在一个向量中较好。

【编程】首先打开 M 文件编辑/调试器，输入如下程序建立命令文件：

```
f = [];
f(1) = 1;
f(2) = 2;
for n = 3:100
    f(n) = 2 * f(n - 1) - f(n - 2);
end
p = length(find(f > 20))
```

然后点击 M 文件编辑/调试器的"Save"按钮，将文件名修改为"example8"并保存。最后在命令窗口中输入 example8 后回车即可执行所建立的命令文件，结果如下：

```
p =
   80
```

例 5 - 9 若两个连续自然数的乘积减 1 是素数，则称这两个连续自然数是亲密数对，该素数是亲密素数。例如，$2 \times 3 - 1 = 5$，由于 5 是素数，所以 2 和 3 是亲密数对，5 是亲密素数。求区间 [2,50] 内：(1) 亲密数对的对数。(2) 与上述亲密数对对应的所有亲密素数之和。

【分析】需要将区间 [2,49] 内的每个自然数 m 逐一取出计算 $m \times (m+1) - 1$ 的值，故可采用 for 语句。为方便判断每个 $m \times (m+1) - 1$ 的值是否为亲密素数，可将所有 $m \times (m+1) - 1$ 的值赋值给某个向量，然后利用 isprime 函数判断该向量中哪些元素为素数。

【编程】首先打开 M 文件编辑/调试器，输入如下程序建立命令文件：

```
a = [];
for m = 2:49
    a(m - 1) = m * (m + 1) - 1;
end
p = isprime(a);
t = a(p);
k = length(t)
s = sum(t)
```

然后点击 M 文件编辑/调试器的"Save"按钮,将文件名修改为"example9"并保存。最后在命令窗口中输入 example9 后回车即可执行所建立的命令文件,结果如下:

```
k =
    28
s =
    21066
```

如果一个循环结构的循环体又包括一个循环结构,就称为循环的嵌套,或称为多重循环结构。循环体语句的嵌套为实现多重循环提供了方便。多重循环可按嵌套层数分别叫作二重循环、三重循环等。处于内部的循环叫作内循环,处于外部的循环叫作外循环。

例 5–10　生成一个 6 阶矩阵,使其主对角线上元素皆为 1,与主对角线相邻的元素皆为 2,其余皆为 0。

【分析】矩阵各元素的位置可由其行标 i 和列标 j 决定,主对角线上的元素满足 $i=j$,与主对角线相邻的元素满足 $|i-j|=1$。于是,确定各元素的位置后再进行相应的赋值即可生成矩阵。由于既有行标又有列标,故可利用双重 for 语句进行循环控制。

【编程】首先打开 M 文件编辑/调试器,输入如下程序建立命令文件:

```
A = [];
for i = 1:6
      for j = 1:6
            if i == j
                  A(i,j) = 1;
            elseif abs(i − j) == 1
                  A(i,j) = 2;
            else
                  A(i,j) = 0;
            end
      end
end
A
```

然后点击 M 文件编辑/调试器的"Save"按钮,将文件名修改为"example10"并保存。最后在命令窗口中输入 example10 后回车即可执行所建立的命令文件,结果如下:

```
A =
    1    2    0    0    0    0
    2    1    2    0    0    0
    0    2    1    2    0    0
    0    0    2    1    2    0
    0    0    0    2    1    2
    0    0    0    0    2    1
```

> **说明：** 双重 for 语句的循环控制规则为：首先取外循环变量的第 1 个元素，然后将内循环变量中的每个元素逐个赋值后执行一次循环体语句，直到内循环变量的元素使用完毕后再取外循环变量的第 2 个元素，再次将内循环变量中的每个元素逐个赋值后执行一次循环体语句，直到内循环变量的元素使用完毕后再取外循环变量的第 3 个元素，……。

5.4.2　while 语句

while 语句又称为条件循环语句，是通过判断循环条件是否满足来决定是否继续循环的一种循环控制结构。while 语句的格式为：

while 条件
　　　循环体语句
end

while 语句的执行规则为：若条件成立，则执行循环体语句，执行后再判断条件是否成立，如果不成立则跳出循环。

例 5 - 11　已知 $y = 1 + \dfrac{1}{3} + \dfrac{1}{5} + \cdots + \dfrac{1}{2n-1}$，求 $y < 3$ 时 n 的最大值，并求对应 y 的值。

【分析】 这是一个累加求和的问题，可采用循环语句，但由于 n 的值待求，若采用 for 语句则没有循环变量，故本例须采用 while 语句，并将 $y < 3$ 作为继续累加求和的循环条件。

【编程】 首先打开 M 文件编辑/调试器，输入如下程序建立命令文件：

```
n = 0;
y = 0;
while y < 3
    y = y + 1 /(2 * n + 1);
    n = n + 1;
end
y = y - 1 /(2 * n - 1)
n = n - 1
```

然后点击 M 文件编辑/调试器的"Save"按钮，将文件名修改为"example11"并保存。最后在命令窗口中输入 example11 后回车即可执行所建立的命令文件，结果如下：

```
y =
    2.9944
n =
56
```

例 5 - 12　已知 $y = 1 + \dfrac{1}{2^2} + \dfrac{1}{3^2} + \cdots + \dfrac{1}{n^2}$，当 $n = 100$ 时，求 y 的值。

【分析】 这是一个累加求和的问题，可采用 for 语句，也可采用 while 语句，将参与求和的项数不超过 100 作为循环条件。

【编程】首先打开 M 文件编辑/调试器，输入如下程序建立命令文件：

```
n = 100;
y = 0;
i = 1;
while i < = n
    y = y + 1 /i^2;
    i = i + 1;
end
y
```

然后点击 M 文件编辑/调试器的"Save"按钮，将文件名修改为"example12"并保存。最后在命令窗口中输入 example12 后回车即可执行所建立的命令文件，结果如下：

```
y =
    1.6350
```

说明：本例亦可采用 sum 函数求向量各元素的加和以实现，程序如下：

```
i = 1:100;
f = 1. /i.^2;
sum(f)
```

5.4.3　break 语句与 continue 语句

break 语句用于终止循环的执行，当在循环体内执行到该语句时，程序将跳出循环，继续执行循环语句的下一语句。

continue 语句用于控制跳过循环体中的某些语句，当在循环体内执行到该语句时，程序将跳过循环体中所有剩下的语句，继续下一次循环。

break 语句和 continue 语句一般与 if 语句配合使用。

例 5 - 13　求[100,200]之间第一个能被 31 整除的整数。

【分析】需要将区间[100,200]内的每个整数逐一取出进行判别，故可采用 for 语句。取出一个整数后，须计算该数除以 31 后的余数，若余数为 0，则终止循环，否则继续执行循环，故可利用 break 语句和 continue 语句与 if 语句配合使用。

【编程】首先打开 M 文件编辑/调试器，输入如下程序建立命令文件：

```
for n = 100:200
if rem(n, 31) ~ = 0
    continue
end
break
```

```
end
n
```

然后点击 M 文件编辑/调试器的"Save"按钮，将文件名修改为"example13"并保存。最后在命令窗口中输入 example13 后回车即可执行所建立的命令文件，返回结果如下：

```
n =
   124
```

5.5　函数文件

MATLAB 函数文件是一种特殊类型的运行在自己独立的工作空间的 M 文件，通过在输入形参表接收数据，调用文件返回结果到输出形参表。

5.5.1　函数文件的创建

函数文件由 function 语句引导，其基本结构为：

```
function [输出形参表] = 函数名(输入形参表)
注释说明部分
函数体语句
```

其中，以 function 开头的一行为引导行，表示该 M 文件是一个函数文件。输入形参为函数的输入参数，可理解为函数的自变量；输出形参为函数的输出参数，可理解为函数的因变量。当有多个形参时，形参之间用逗号分隔，组成形参表。当输出形参多于一个时，应用方括号括起来；当输出形参只有一个时，无需用方括号括起来。

> **注意：**
> （1）函数名的命名规则与变量名的命名规则相同。在保存函数文件时，文件名会默认与函数名相同，但用户也可在保存函数文件时将文件名与函数名设置为不相同。若文件名和函数名不同，则 MATLAB 在调用函数文件时将忽略函数名，而使用文件名。另外，在保存函数文件时，会默认保存到当前文件夹中，但用户也可将函数文件另存到其他任意文件夹中。若将函数文件另存到其他文件夹中，在调用该函数文件时会带来不便。因此，为便于使用，在保存函数文件时，建议默认保存到当前文件夹中，且此文件名默认与函数名相同。
> （2）注释说明部分用于对函数文件进行注释，注释的内容须以％开头。注释说明部分不参与运行。
> （3）输入形参表不可缺少，但输出形参表可缺省。

5.5.2　函数的调用

函数文件建立并保存好后,就可以调用该函数。函数调用的一般格式为:

```
[输出实参表] = 函数名(输入实参表)
```

注意:

　　(1) 调用函数时,实参的变量名可与相应形参的变量名不同,但各实参出现的顺序、个数应与定义函数时形参的顺序、个数一致,否则会出错。调用函数时,先将实参传递给相应的形参,从而实现参数传递,然后再执行函数的功能。

　　(2) 函数可以嵌套调用,即一个函数可以调用别的函数,甚至可以调用它自身。一个函数调用它自身称为函数的递归调用。

例 5 - 14　编写一个函数文件用于定义函数 $f(x) = \dfrac{e^x \ln|x|}{\sqrt{x^2+1}}$,并求 $x = 3$ 时的函数值。

【分析】建立函数文件时,输入形参(自变量)可设为 x,输出形参(因变量)可设为 y。

【编程】首先打开 M 文件编辑/调试器,输入如下程序建立函数文件:

```
%建立函数文件
function y = myfun1(x)
y = exp(x) * log(x) /sqrt(x^2 + 1);
```

将函数文件默认保存为 myfun1.m 后,在命令窗口中输入如下程序:

```
x = 3;
y = myfun1(x)
```

执行命令后,返回结果:

```
y =
    6.9780
```

例 5 - 15　编写一个函数文件用于求解一元二次方程 $ax^2 + bx + c = 0$ 的根,并求当 a,b,c 取不同值时对应的根。

【分析】建立函数文件时,利用求根公式求一元二次方程的根,输入形参(自变量)可设为 a,b,c,输出形参(因变量)可设为 x_1,x_2。建立函数文件后,可再建立一个命令文件,利用 input 函数输入不同 a,b,c 的值,并调用所建立的函数。

【编程】首先打开 M 文件编辑/调试器,输入如下程序建立函数文件:

```
%建立函数文件
function [x1,x2] = myfun2(a,b,c)
x1 = ( - b + sqrt(b^2 - 4 * a * c)) /(2 * a);
x2 = ( - b - sqrt(b^2 - 4 * a * c)) /(2 * a);
```

将函数文件默认保存为 myfun2.m。然后,再次打开一个 M 文件编辑/调试器,输入如下程序建立命令文件：

```
a = input('Please enter a:');
b = input('Please enter b:');
c = input('Please enter c:');
[x1, x2] = myfun2(a, b, c)
```

点击 M 文件编辑/调试器的"Save"按钮，将文件名修改为"example15"并保存。最后，在命令窗口中输入 example15 后回车即可执行所建立的命令文件得到相应的结果。

例 5 - 16 编写一个函数文件，求 Fibonacci 数列中第一个大于整数 n 的元素及序号。Fibonacci 数列定义如下：

$$\begin{cases} f_1 = 1 \\ f_2 = 1 \\ f_i = f_{i-1} + f_{i-2} \quad (i > 2) \end{cases}$$

【分析】建立函数文件时，输入形参（自变量）可设为 n，输出形参（因变量）可设为 y（第一个大于整数 n 的元素）和 m（第一个大于整数 n 的元素的序号）。为方便递推式的计算，利用 while 语句将所有元素存储在一个向量中较好。

【编程】首先打开 M 文件编辑/调试器，输入如下程序建立函数文件：

```
function [y, m] = myfun3(n)
f = [];
f(1) = 1;
f(2) = 1;
i = 2;
while f(i) <= n
    f(i + 1) = f(i - 1) + f(i);
    i = i + 1;
end
y = f(i);
m = i;
```

将函数文件默认保存为 myfun3.m 后，在命令窗口输入如下命令：

```
[y, m] = myfun3(1000)
```

执行命令后，结果如下：

```
y =
    1597
m =
    17
```

例 5 - 17 利用函数的递归调用求 $n!$。

【分析】由于求 $n!$ 需要先求 $(n-1)!$，故可采用函数的递归调用。

【编程】首先打开 M 文件编辑/调试器，输入如下程序建立函数文件：

```
function f = myfun4(n)
if n < = 1
    f = 1;
else
    f = myfun4(n - 1) * n;
end
```

将函数文件默认保存为 myfun4.m 后，在命令窗口输入如下命令：

```
f = myfun4(10)
```

执行命令后，结果如下：

```
f =
    3628800
```

本章小结

本章主要介绍了 MATLAB 命令文件的创建与执行、顺序结构、选择结构、循环结构、函数文件的创建与调用。为便于读者使用，下面将本章中主要的知识要点进行汇总。

内　容	要　点
MATLAB 命令文件	1. 命令文件实际上是一串命令的集合，与在命令窗口逐行执行文件中所有命令的结果是一样的。 2. 对于一些比较简单的问题，可直接在命令窗口中输入命令，但对于相对复杂的问题，采用命令进行编辑与运行更为合适。
MATLAB 顺序结构	1. 从键盘输入数值型数据可使用 input 函数。 2. 数据的输出可使用 disp 函数。
MATLAB 选择结构	1. if 语句分为单分支、双分支和多分支。 2. switch 语句要合理设置表达式以方便区分不同情况。 3. try 语句是一种试探性的选择结构。
MATLAB 循环结构	1. for 语句须事先确定循环变量。 2. while 语句须事先确定循环条件。 3. break 语句和 continue 语句一般与 if 语句配合使用。
MATLAB 函数文件	1. 须以 function 开头作为引导行。 2. 无须给函数的输入形参（自变量）进行赋值。 3. 调用函数前需对输入实参（自变量）进行赋值。

习题 5

一、单选题

1. 从键盘输入数据，可使用（　　　）函数。

   A. disp   B. input   C. enter   D. edit

2. 下列程序正确的是（　　　）。

   A. input('please enter x＝')   B. input(' 请输入 x＝')

   C. x＝input(' 请输入 x＝')   D. x＝disp('please disp x＝')

3. 下列不属于选择结构语句的是（　　　）。

   A. if 语句   B. switch 语句

   C. try 语句   D. break 语句

4. case 取值为 switch 表达式的部分结果，当 case 取整有多个时，一般用（　　　）表示较好。

   A. 结构数据   B. 数值数据

   C. 枚举数据   D. 单元数据

5. 下列程序的输出结果为（　　　）。

```
a = 1;
switch a
    case 3|4
        disp('perfect')
    case {1,2}
        disp('ok')
    otherwise
        disp('no')
end
```

   A. ok   B. perfect   C. no   D. 2

6. 定义了一个函数文件 fun.m

```
function f = fun(n)
    f = sum(n.*(n+1));
```

   在命令窗口输入 fun(1:5)的结果为（　　　）。

   A. 30   B. 50   C. 65   D. 70

7. 定义了一个函数文件 fsum.m

```
function s = fsum(n)
    if n<=1
        s = 1;
    else
```

```
        s = fsum(n－1)＋n;
    end
```

在命令窗口输入 fsum(10) 的结果为(　　　)。

A. 45 　　　　　　　B. 55 　　　　　　　C. 65 　　　　　　　D. 75

8. 定义函数文件时,若输出形参多于 1 个时,应该用下面哪个符号括起来(　　　)。

A. ｛ ｝ 　　　　　　B. ＜＞ 　　　　　　C. （ ） 　　　　　　D. ［ ］

二、填空题

1. 根据调用方式不同,M 文件分为(　　　　　　　　　)和(　　　　　　　　　)。

2. 启动 MATLAB 文本编辑器,可在命令窗口输入命令(　　　　　　　　　　)。

三、判断题

1. 任何一个命令文件中的程序都可以直接复制到命令窗口中运行。　　　　　　(　　)

2. 保存 M 文件时,文件名的命名规则与变量名的命名规则相同。　　　　　　(　　)

3. M 文件是一种存储在硬盘中的文件。　　　　　　　　　　　　　　　　(　　)

4. 若需要运行保存在当前目录下的某个命令文件,只需在命令窗口中输入该命令文件的文件名。　　　　　　　　　　　　　　　　　　　　　　　　　　　　(　　)

5. 运行某个命令文件,若程序出现报错,则不能直接在原命令文件中修改原程序,而只能重新建立一个新的命令文件对原程序进行修改。　　　　　　　　　　　(　　)

6. 利用 input 函数输入数据时必须赋值给某个变量名,而利用 disp 函数输出结果时无须赋值给某个变量名。　　　　　　　　　　　　　　　　　　　　　(　　)

7. 可用 num2cell 函数将数值数据转化为单元数据。　　　　　　　　　　　(　　)

8. 利用顺序结构、选择结构、循环结构等语句结构编程时,最好的做法是首先建立一个 M 文件进行编制,然后再在命令窗口中运行或调用该 M 文件。　　　　　(　　)

9. 函数文件可以直接在命令窗口中运行。　　　　　　　　　　　　　　　(　　)

10. 定义函数文件时,输入形参对应于函数的自变量,输出形参对应于函数的因变量。
　　　　　　　　　　　　　　　　　　　　　　　　　　　　　　　　(　　)

11. 定义函数文件时,默认的文件名是自己所设置的函数名,为避免出错,一般不要修改函数文件的文件名。　　　　　　　　　　　　　　　　　　　　　　　(　　)

12. 定义函数文件时,输入形参需要赋值。　　　　　　　　　　　　　　　(　　)

13. 调用函数文件时,各输入、输出实参出现的顺序、个数应与定义函数时形参出现的顺序、个数一致。　　　　　　　　　　　　　　　　　　　　　　　　(　　)

14. 一个函数可以调用其他函数,也可以调用它本身。　　　　　　　　　　(　　)

15. 定义了一个函数 fun(x,y),在命令窗口中输入下列代码:

```
    a＝1;
    b＝2;
    fun(a,b)
```

上述调用函数 fun(x,y)的方式是正确的。　　　　　　　　　　　　　　(　　)

四、应用题

1. 建立文件名为 test 的命令文件，实现：先随机产生两个两位数的整数 x 与 y，再从键盘任意输入一个整数 z，最后求三个数的和 s。

2. 试编程实现：首先产生两个两位随机整数，然后再输入一个四则运算运算符号，完成这两个两位随机整数的四则运算。

3. 设分段函数

$$y = \begin{cases} x^2 + 2 & x \geqslant 1 \\ \sin 2x & -1 \leqslant x < 1 \\ 3x & x < -1 \end{cases}$$

利用 if 语句分别计算 $x = -2, -0.5, 1.5$ 时 y 的值。

4. 建立一个符合标准正态分布的随机矩阵，输出矩阵的第 i 行元素，当 i 的值超过了矩阵的行数时，自动转为输出矩阵最后一行元素并给出出错信息。

5. 当 n 分别取 100，1 000，10 000 时。

(1) $1 - \dfrac{1}{2} + \dfrac{1}{3} - \dfrac{1}{4} + \cdots + (-1)^{n+1} \dfrac{1}{n} + \cdots (= \ln 2)$，求 $\ln 2$ 的近似值。

(2) $\left(\dfrac{2 \times 2}{1 \times 3} \right) \left(\dfrac{4 \times 4}{3 \times 5} \right) \left(\dfrac{6 \times 6}{5 \times 7} \right) \cdots \left[\dfrac{(2n) \times (2n)}{(2n-1) \times (2n+1)} \right] \cdots \left(= \dfrac{\pi}{2} \right)$，求 π 的近似值。

要求：分别利用循环结构和向量运算来实现。

6. 求小于任意整数 n 的 Fibonacci 数列各项。Fibonacci 数列的定义如下：

$$\begin{cases} f_1 = 1 \\ f_2 = 1 \\ f_i = f_{i-1} + f_{i-2} \quad (i > 2) \end{cases}$$

7. 首先定义一个函数文件实现：求某个方阵的行列式值、秩、1—范数、∞—条件数，然后在命令文件中调用所建立的函数。

8. 首先定义一个函数文件实现利用循环结构计算 $n!$，然后求 $100!$ 的值。

实验 5

- -

一、实验目的

1. 掌握命令文件的建立与执行方法。
2. 掌握利用 if 语句、switch 语句实现选择结构的方法。
3. 掌握利用 for 语句、while 语句实现循环结构的方法。
4. 掌握函数文件的创建与调用方法。

二、实验内容

1. 首先产生两个两位随机整数，然后再输入一个四则运算运算符号，完成这两个两位随机整数的四则运算。

2. 假定某地区电话收费标准为：通话时间 3 分钟以下，收费 0.5 元；通话时间在 3 分钟以上 20 分钟以下,则每超过 1 分钟加收 0.15 元;通话时间超过 20 分钟,则每超过 1 分钟加收 0.2 元。

(1) 试编程实现:输入通话时间,计算应缴多少电话费。

(2) 计算当通话时间分别为 12 分钟、26 分钟时应缴的电话费分别是多少?

3. 用 switch 语句实现:输入一个百分制成绩,输出等级 A,B,C,D,E,其中 90 分～100 分为 A,80 分～89 分为 B,70 分～79 分为 C,60 分～69 分为 D,60 分以下为 E。

4. 建立数组

$$x_1 = 1, x_n = 2x_{n-1} + 1 (n = 2, 3, 4, \cdots, 50)$$

(1) 求该数组各元素之和。

(2) 求该数组中介于 10 与 30 之间的元素的个数。

5. 设有迭代公式:$x_{n+1} = \dfrac{1}{1 + x_n}$,试编写程序求迭代的结果,迭代的终止条件为 $|x_{n+1} - x_n| \leqslant 10^{-5}$,迭代初值 $x_0 = 1.0$,迭代次数不超过 500 次。

6. 设 $f(x) = \dfrac{2e^x}{\sqrt{1 + x^2}}$,首先建立一个函数文件,然后求 $y = f(1)f(2) + f(3)$ 的值。

7. 设有线性方程组

$$\begin{bmatrix} 2 & \cos\theta & 0 & 0 \\ \sin\theta & 2 & 0 & 0 \\ 0 & \sin\theta & 2 & 0 \\ 0 & 0 & \cos\theta & 2 \end{bmatrix} \begin{bmatrix} x_1 \\ x_2 \\ x_3 \\ x_4 \end{bmatrix} = \begin{bmatrix} 0 \\ a \\ 0 \\ b \end{bmatrix}$$

从键盘输入 θ, a, b 的值,求方程组的解 x_1, x_2, x_3, x_4。 要求首先定义一个求解线性方程组 $\boldsymbol{AX} = \boldsymbol{B}$ 的函数文件,然后在命令文件中调用所建立的函数。

8. 已知 $y = \dfrac{f(30)}{f(10) + f(20)}$。

(1) 当 $f(n) = 1^2 + 2^2 + \cdots + n^2$ 时,求 y 的值。

(2) 当 $f(n) = 1 \times 3 \times 5 \times \cdots \times (2n - 1)$ 时,求 y 的值。

第六章

MATLAB 绘图基础

强大的绘图功能是 MATLAB 的主要特点之一。MATLAB 提供了一系列绘图函数，调用这些绘图函数即可绘制出所需图形。另外，MATLAB 还提供了诸多函数用于对图形进行一些辅助操作，使得图形的意义更加明确。本章将介绍 MATLAB 绘制二维图形的基本方法，包括直角坐标系下曲线的绘制、极坐标系下曲线的绘制、其他特殊二维图形的绘制等；MATLAB 绘制三维图形的基本方法，包括三维曲线与曲面的绘制等；MATLAB 绘制图形的辅助操作，包括图形标注、坐标控制、图形保持、图形窗口分割、曲面的精细处理等；MATLAB 隐函数绘图的基本方法，包括隐函数二维绘图方法、隐函数三维绘图方法等。

6.1 二维图形的绘制

6.1.1 直角坐标系下曲线的绘制

在 MATLAB 中，绘制二维曲线的基本函数是 plot，需提供该曲线上一系列点的坐标。plot 函数的主要作用是将这一系列点用线段连接起来，当所提供的点的数量足够多时，将连接而成的线段视为绘制的二维曲线。

1. plot 函数的基本用法

plot 函数将自动打开一个图形窗口绘制图形，并根据图形坐标大小自动缩扩坐标轴。plot 的基本调用格式为

plot(x,y)：绘制分别以 x，y 为横、纵坐标的二维曲线。

> **说明：**
> （1）当 x 和 y 为长度相同的向量时，则分别以 x 和 y 的元素为横、纵坐标绘制曲线。
> （2）当 x 和 y 是同维矩阵时，则分别以 x，y 对应列的元素为横、纵坐标绘制曲线，曲线条数等于矩阵的列数。
> （3）当 x 为向量，y 是有一维与 x 同维的矩阵时，则绘制出多条不同颜色的曲线，曲线条数等于 y 矩阵的另一维数，x 作为这些曲线共同的横坐标。

例 6 - 1　绘制曲线 $y = \mathrm{e}^x \sin(2\pi x)\,(0 \leqslant x \leqslant 2)$。

在命令窗口中输入如下命令：

```
x = linspace(0,2,100);
y = exp(x). * sin(2 * pi * x);
plot(x,y)
```

执行命令后，自动打开一个图形窗口绘制曲线，如图 6 - 1 所示。

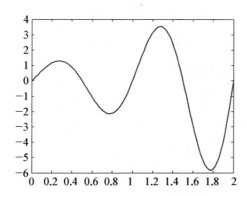

图 6 - 1　绘制一般方程表示的曲线（彩图可见本书插页）

例 6 - 2　绘制曲线 $\begin{cases} x = 2\cos^3 t \\ y = 2\cos^3 t \end{cases} (0 \leqslant t \leqslant 2\pi)$。

在命令窗口中输入如下命令：

```
t = 0:pi /100:2 * pi;
x = 2 * cos(t).^3;
y = 2 * sin(t).^3;
plot(x,y)
```

执行命令后，自动打开一个图形窗口绘制曲线，如图 6 - 2 所示。

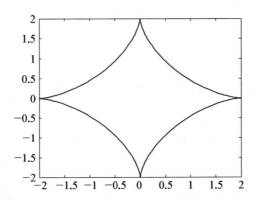

图 6 - 2　绘制参数方程表示的曲线（彩图可见本书插页）

2. 带选项的 plot 函数

调用 plot 函数绘制曲线时，MATLAB 会默认设置曲线的线型、颜色和数据点标记符号。若需要人为设置曲线的线型、颜色和数据点标记符号，则要使用带选项的 plot 函数，调用格式为

plot(x,y,'s')：绘制分别以 x,y 为横、纵坐标的二维曲线或数据点，并按字符串 s 设定曲线的线型和颜色或数据点的标记形式。

曲线的线型、颜色和数据点标记符号选项分别见表 6-1、表 6-2 和表 6-3 所示。

表 6-1　曲线的线型选项

选　项	曲线的线型	选　项	曲线的线型
-	实线（系统默认）	-.	点划线
:	短虚线	--	长虚线

表 6-2　曲线的颜色选项

选　项	曲线的颜色	选　项	曲线的颜色
b	蓝色	g	绿色
r	红色	y	黄色
w	白色	k	黑色
c	青色	m	品红色

表 6-3　数据点的标记符号选项

选　项	标记符号	选　项	标记符号
+	加号	o	圆圈
*	星号	.	点
x	叉号	s	方块
d	菱形	∨	朝下三角
∧	朝上三角	<	朝左三角
>	朝右三角	p	五角星
h	六角星		

> **说明：**按字符串 s 设定曲线的线型和颜色或数据点的标记形式时，选项可以组合使用。例如，绘制红色的短虚线型曲线用"r:"或":r"，绘制黑色的星号型数据点用"k*"或"*k"。

例 6-3　用红色的长虚线绘制曲线 $y=x^2(-1 \leqslant x \leqslant 1)$。

在命令窗口中输入如下命令：

```
x = linspace( - 1,1,100);
y = x.^2;
plot(x,y,'r - - ')
```

执行命令后，自动打开一个图形窗口绘制曲线，如图 6-3 所示。

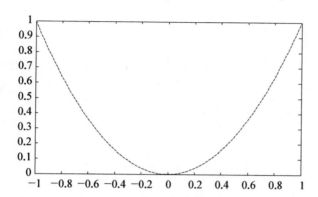

图 6-3　绘制指定颜色和线型的曲线（彩图可见本书插页）

例 6-4　用蓝色的加号绘制数据点，其中 $y = x^2$，$x = 1, 2, \cdots, 10$。

在命令窗口中输入如下命令：

```
x = 1:10;
y = x.^2;
plot(x,y,' + b')
```

执行命令后，自动打开一个图形窗口绘制数据点，如图 6-4 所示。

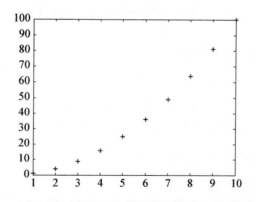

图 6-4　绘制指定颜色和标记符号的数据点（彩图可见本书插页）

3. 含多个输入参数的 plot 函数

调用基本 plot 函数绘制一条曲线后，再次调用 plot 函数绘制另一条曲线时，则新打开的图形窗口会覆盖之前的图形窗口。若需要在同一坐标系内中绘制多条曲线，则可利用含多个输入参数的 plot 函数，调用格式为

plot(x1,y1,选项 1,x2,y2,选项 2,$\cdots$,xn,yn,选项 n)：在同一坐标系内绘制分别以

x_i,y_i 为横、纵坐标的 n 条曲线,并按字符串相应的选项设定曲线的线型和颜色。

例 6-5 用不同的线型和颜色在同一坐标系内绘制如下两条曲线

$$y=\frac{1}{1+x^2}(-1\leqslant x\leqslant 1),\begin{cases}x=t^2\\y=5t^3\end{cases}(0\leqslant t\leqslant 1)$$

在命令窗口中输入如下命令:

```
x1 = - 1:0.1:1;
y1 = 1. /(1 + x1.^2);
t = 0:0.05:1;
x2 = t.^2;
y2 = 5 * t.^3;
plot(x1,y1,'b:',x2,y2,'r')
```

执行命令后,自动打开一个图形窗口绘制曲线,如图 6-5 所示。

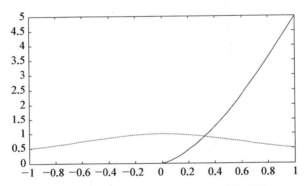

图 6-5 在同一坐标系内绘制两条曲线(彩图可见本书插页)

6.1.2 极坐标系下曲线的绘制

在 MATLAB 中,polar 函数用来绘制极坐标图,其调用格式为:
$$polar(theta,rho,选项)$$
其中 theta 为极角,rho 为极径,选项的内容与 plot 函数相似。

例 6-6 绘制蝴蝶曲线,其极坐标方程为 $\rho=e^{\cos\theta}-2\cos4\theta+\sin^5\dfrac{\theta}{12}(0\leqslant\theta\leqslant 20\pi)$。

在命令窗口中输入如下命令:

```
theta = 0:pi /50:20 * pi;
rho = exp(cos(theta)) - 2 * cos(4 * theta) + sin(theta /12).^5;
polar(theta,rho,'r')
```

执行命令后,自动打开一个图形窗口绘制曲线,如图 6-6 所示。

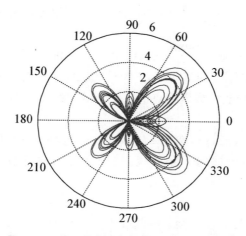

图 6-6　绘制极坐标图(彩图可见本书插页)

6.1.3　其他特殊二维图形的绘制

除了二维曲线外,MATLAB还可以绘制其他一些特殊的二维图形,所使用的函数及其绘制的图形类型见表 6-4 所示。

表 6-4　绘制其他一些特殊二维图形的函数及其图形类型

函　数	图形类型	函　数	图形类型
bar	直方图	hist	统计直方图
stairs	阶梯图	stem	火柴杆图
rose	统计扇形图	comet	彗星曲线图
errorbar	误差棒图	compass	复数向量图(罗盘图)
feather	复数向量投影图(羽毛图)	quiver	向量场图
area	区域图	pie	饼图
convhull	凸壳图	scatter	离散点图

注意:表 6-4 中各函数的使用方法及实例,可在 MATLAB 命令窗口中输入 help 函数名查看。

6.2　三维图形的绘制

6.2.1　三维曲线的绘制

在 MATLAB 中,绘制三维曲线的基本函数是 plot3,其使用方法与 plot 函数十分相似。需要注意的是，在绘制三维曲线时，需将曲线的方程表示为参数式。plot3 函数有以下 3 种调用格式。

plot3(x,y,z)：绘制分别以 x,y,z 为横、纵、竖坐标的三维曲线。

plot3(x,y,z,'s')：绘制分别以 x,y,z 为横、纵、竖坐标的三维曲线或数据点，并按字符串 s 设定曲线的线型和颜色或数据点的标记形式。线型、颜色和数据点的标记形式与 plot 函数相同。

plot3(x1,y1,选项 1,x2,y2,选项 2,…,xn,yn,选项 n)：在同一坐标系内绘制分别以 x_i,y_i,z_i 为横、纵、竖坐标的 n 条曲线，并按字符串相应的选项设定曲线的线型和颜色。

例 6-7 用红色的短虚线绘制三维曲线 $\begin{cases} x=t \\ y=\cos t \\ z=\sin t \end{cases} (0 \leqslant t \leqslant 2\pi)$。

在命令窗口中输入如下命令：

```
t = 0:pi /50:2 * pi;
x = t;
y = cos(t);
z = sin(t);
plot3(x, y, z, 'r:')
```

执行命令后，自动打开一个图形窗口绘制曲线，如图 6-7 所示。

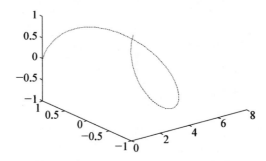

图 6-7　绘制指定颜色和线型的三维曲线(彩图可见本书插页)

6.2.2　曲面的绘制

MATLAB 绘制曲面大致分为两个步骤：

第一步　利用 meshgrid 函数生成平面网格坐标矩阵，方法如下：

```
x = a:dx:b;
y = c:dy:d;
[X, Y] = meshgrid(x, y);
```

说明：当 $x = y$ 时，meshgrid 函数的使用可写成 meshgrid(x)。

第二步　利用曲面的函数表达式绘制曲面图。MATLAB 提供了两个绘制曲面图的函数：

mesh(X,Y,Z)：绘制网格曲面图，其中(X,Y,Z)为曲面上点的坐标矩阵。

surf(X,Y,Z)：绘制曲面图，其中(X,Y,Z)为曲面上点的坐标矩阵。

例 6-8　绘制曲面 $z = \sin x \cos y$（$0 \leqslant x, y \leqslant 2\pi$）的网格图。

在命令窗口中输入如下命令：

```
x = linspace(0,2 * pi,20);
y = linspace(0,2 * pi,30);
[X,Y] = meshgrid(x,y);
Z = sin(X). * cos(Y);
mesh(X,Y,Z)
```

执行命令后，自动打开一个图形窗口绘制曲面，如图 6-8 所示。

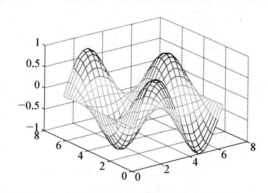

图 6-8　绘制网格曲面图(彩图可见本书插页)

例 6-9　绘制曲面 $\begin{cases} x = (1 + \cos u) \cos v \\ y = (1 + \cos u) \sin v \\ z = \sin u \end{cases}$（$0 \leqslant u, v \leqslant 2\pi$）。

在命令窗口中输入如下命令：

```
u = 0:pi /20:2 * pi;
[u,v] = meshgrid(u);
x = (1 + cos(u)). * cos(v);
y = (1 + cos(u)). * sin(v);
z = sin(u);
surf(x,y,z)
```

执行命令后，自动打开一个图形窗口绘制曲面，如图 6-9 所示。

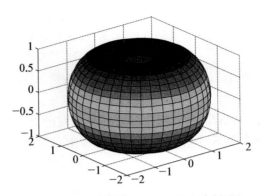

图 6-9 绘制曲面图(彩图可见本书插页)

6.2.3 其他特殊三维图形的绘制

除了三维曲线和曲面外,MATLAB 还可以绘制其他一些特殊的三维图形,所使用的函数及其绘制的图形类型见表 6-5 所示。

表 6-5 绘制其他一些特殊三维图形的函数及其图形类型

函　数	图形类型	函　数	图形类型
sphere	球面	cylinder	柱面
meshc	带等高线的网格曲面	meshz	带底座的网格曲面
surfc	带等高线的曲面	surfl	具有光照效果的曲面
bar3	三维条形图	pie3	三维饼图
fill3	三维实心图	scatter3	三维三点图
stem3	三维杆图	quiver3	三维矢量图

注意:表 6-5 中各函数的使用方法及实例,可在 MATLAB 命令窗口中输入 help 函数名查看。

6.3 绘制图形的辅助操作

6.3.1 图形添加标注

在绘制二维与三维图形时,可将标题、坐标轴标注、文本说明、图例说明添加到图形上,下面为所使用函数的调用格式。

title('图形说明'):给图形添加标题。

xlabel('x 轴说明'):给 x 轴添加标注。

ylabel('y 轴说明'):给 y 轴添加标注。

zlabel('z 轴说明'):给 z 轴添加标注。

text(x,y,'文本说明'):在指定坐标 (x,y) 处添加文本说明,可推广到三维图形。

gtext('文本说明'):在二维图形的任意位置添加文本说明,三维图形不适用。

legend('图例 1','图例 2',…):给二维图形添加图例说明,三维图形不适用。

上述函数中的说明文字,除可以使用任意字符串外,还可以使用 Latex 字符。MATLAB 支持的 Latex 字符与对应的符号见表 6-6 所示。

表 6-6　MATLAB 支持的 Latex 字符与对应的符号

Latex 字符	符　号	Latex 字符	符　号	Latex 字符	符　号
\alpha	α	\upsilon	υ	\sim	∼
\beta	β	\phi	φ	\leq	≤
\gamma	γ	\chi	χ	\infty	∞
\delta	δ	\psi	Ψ	\clubsuit	♣
\epsilon	ε	\omega	ω	\diamondsuit	◆
\zeta	ζ	\Gamma	Γ	\heartsuit	♥
\eta	η	\Delta	Δ	\spadesuit	♠
\theta	θ	\Theta	Θ	\leftrightarrow	↔
\vartheta	ϑ	\Lambda	Λ	\leftarrow	←
\iota	ι	\Xi	Ξ	\uparrow	↑
\kappa	κ	\Pi	Π	\rightarrow	→
\lambda	λ	\Sigma	Σ	\downarrow	↓
\mu	μ	\Upsilon	Υ	\circ	∘
\nu	ν	\Phi	Φ	\pm	±
\xi	ξ	\Psi	ψ	\geq	≥
\pi	π	\Omega	Ω	\propto	∝
\rho	ρ	\formall	∀	\partial	∂
\sigma	σ	\exists	∃	\bullet	•
\varsigma	ς	\ni	'	\div	÷
\tau	τ	\cong	≅	\neq	≠
\equiv	≡	\approx	≈	\aleph	ℵ
\Im	□	\Re	ℜ	\wp	℘
\otimes	⊗	\oplus	⊕	\oslash	∅
\cap	∩	\cup	∪	\supseteq	⊇
\supset	⊃	\subseteq	∈	\subset	⊂
\int	∫	\in	⌈	\o	ο

续 表

Latex 字符	符 号	Latex 字符	符 号	Latex 字符	符 号
\rfloor	⌋	\lceil	⌈	\nabla	∇
\lfloor	⌊	\cdot	·	\ldots	⋯
\perp	⊥	\neg	¬	\prime	′
\wedge	∧	\times	×	\0	∅
\rceil	⌉	\surd	√	\mid		
\vee	∨	\varpi	ϖ	\copyright	©
\langle	⟨	\rangle	⟩		

说明：

(1) Latex 字符的字体设置方法

① \bf：设置字体为粗体。

② \it：设置字体为斜体。

③ \rm：设置字体为正体。

④ \fontname{字体名}：设置字体名。例如：\fontname{宋体}。

⑤ \fontsize{字体大小}：设置字体大小。例如：\fontsize{16}。

(2) Latex 字符的位置设置方法

① _：将字符设置为下标。

② ^：将字符设置为上标。

(3) Latex 字符的颜色设置方法

① \color{颜色名}颜色名：颜色名有 12 种，分别为 red、green、yellow、magenta、blue、black、white、cyan、gray、barkGreen、orange 和 lightBlue。例如：\color{magenta}magenta。

② \color[rgb]{a b c}：将字体颜色设置为 RGB 矩阵[a b c]所表示的颜色，其中 a、b 和 c 都在 [0,1] 范围内取值。例如：color[rgb]{0 0.5 0.5}。

6.3.2 坐标轴与坐标网格控制

在绘制二维或三维图形时，MATLAB 会自动根据数据选择合适的坐标轴，使图形尽可能清晰地显示出来。若对自动选择的坐标轴不满意，可对其进行重新设置。对坐标轴进行重新设置的函数为 axis，调用格式为

axis([xmin xmax ymin ymax zmin zmax])：将坐标轴设定为指定的范围，二维情形下去掉 z 轴的范围。

另外，是否显示坐标轴用 axis on/off 命令来控制；是否添加坐标网格用 grid on/off 命令来控制；是否添加坐标轴的边框用 box on/off 来控制。

6.3.3　图形保持

一般情况下,完成一次绘图操作后,再次进行绘图操作会覆盖之前的图形。若希望在已有的图形上再继续添加新的图形,可使用 MATLAB 的图形保持功能。

hold on/off 命令用于控制是否保持原有的图形,不带参数的 hold 命令在两种状态之间进行切换。

例 6-10　在同一图形窗口内绘制如下两条三维曲线:

$$\begin{cases} x = 8\cos t \\ y = 4\sin t \\ z = -4\sin t \end{cases}, \begin{cases} x = 3\sin t \\ y = 5\sin t \\ z = 4\cos t \end{cases}, 0 \leqslant t \leqslant 2\pi$$

在命令窗口中输入如下命令:

```
t = 0:pi /50:2 * pi;
x1 = 8 * cos(t);
y1 = 4 * sin(t);
z1 = - 4 * sin(t);
x2 = 3 * sin(t);
y2 = 5 * sin(t);
z2 = 4 * cos(t);
plot3(x1,y1,z1,'r')
hold on
plot3(x2,y2,z2,'b')
xlabel('x')
ylabel('y')
zlabel('z')
title('图形保持示例')
legend('曲线 1', '曲线 2')
grid on
```

执行命令后,自动打开一个图形窗口绘制两条曲线,如图 6-10 所示。

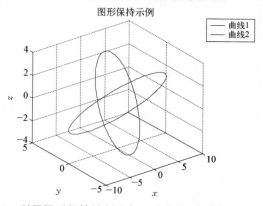

图 6-10　利用图形保持绘制两条三维曲线(彩图可见本书插页)

6.3.4　子图的绘制

若需要在同一个图形窗口中绘制若干个独立的图形,则需要对图形窗口进行分割。分割后的图形窗口由若干个绘图区组成,每个绘图区都在独立的坐标系内绘制图形,这些图形称为子图。

MATLAB 提供的 subplot 函数可对图形窗口进行任意的分割,其调用格式为

subplot(m,n,p):将当前图形窗口分割成 m 行 n 列个绘图区,在第 p 个绘图区绘制子图。

> **注意:**
> (1) 若要在第 p 个绘图区绘制子图,必须在调用绘图函数前使用 subplot(m,n,p) 命令激活该区域。
> (2) 绘图区的区号按行优先进行编号。

例 6-11　以子图形式绘制正弦、余弦、正切、余切曲线。

在命令窗口中输入如下命令:

```
x = linspace(0,2 * pi,60);
y = sin(x);
z = cos(x);
t = tan(x);
ct = cot(x);
subplot(2,2,1);
plot(x,y)
title('sin(x)')
subplot(2,2,2)
plot(x,z)
title('cos(x)')
subplot(2,2,3)
plot(x,t)
title('tan(x)')
subplot(2,2,4);
plot(x,ct)
title('cot(x)')
axis([0,2 * pi, - 40,40])
```

执行命令后,自动打开一个图形窗口绘制 4 个子图,如图 6-11 所示。

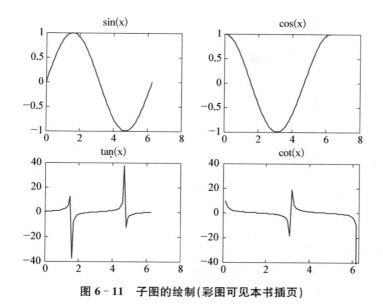

图 6 - 11　子图的绘制(彩图可见本书插页)

6.3.5　三维图形的修饰处理

1. 三维图形的视点处理

从不同的视点观察三维图形,所看到的形状是不一样的。一般地,视点位置可由方位角和仰角表示。MATLAB在绘图时,默认的视点位置为方位角−37.5°、仰角 30°,如图 6 - 12 所示。

若需要对视点位置进行设置,可利用 view 函数,其调用格式为

view([az,el]):通过方位角 az 和仰角 el 设置视点位置。

例 6 - 12　从不同视点位置观察图 6 - 10 中的两条三维曲线。

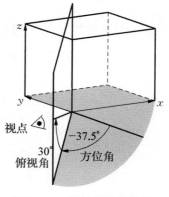

图 6 - 12　默认的视点位置

在命令窗口中输入如下命令:

```
t = 0:pi /50:2 * pi;
x1 = 8 * cos(t);
y1 = 4 * sin(t);
z1 = − 4 * sin(t);
x2 = 3 * sin(t);
y2 = 5 * sin(t);
z2 = 4 * cos(t);
subplot(2,2,1)
plot3(x1,y1,z1,'r')
hold on
```

```
plot3(x2,y2,z2,'b')
title('az 与 el 默认')
subplot(2,2,2)
plot3(x1,y1,z1,'r')
hold on
plot3(x2,y2,z2,'b')
view(0,90)
title('az = 0, el = 90')
subplot(2,2,3)
plot3(x1,y1,z1,'r')
hold on
plot3(x2,y2,z2,'b')
view(90,0)
title('az = 90, el = 0')
subplot(2,2,4)
plot3(x1,y1,z1,'r')
hold on
plot3(x2,y2,z2,'b')
view(-10,30)
title('az = -10, el = 30')
```

执行命令后,自动打开一个图形窗口绘制 4 个子图,如图 6-13 所示。

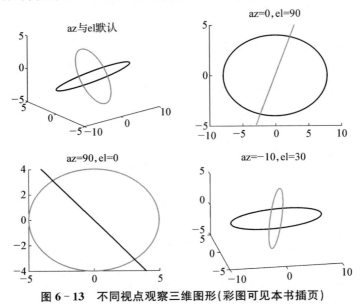

图 6-13 不同视点观察三维图形(彩图可见本书插页)

2. 曲面的着色

绘制曲面图的 surf 函数实际上就是在网格图的每一个网格片上用系统默认的方式进行着色。除此之外,MATLAB 提供了 shading 命令用来改变曲面的着色方式,有以下 3

种调用格式。

shading faceted：系统默认的着色方式，将每个网格片用其高度对应的颜色进行着色，且保留网格线。

shading flat：将每个网格片用同一颜色进行着色，且网格线也用相同的颜色，从而使得曲面显得更加光滑。

shading interp：在网格片内采用颜色插值的方式进行着色，使得曲面显得更加光滑。

例 6 - 13　利用不同方式对单位球面进行着色处理。

在命令窗口中输入如下命令：

```
subplot(2,2,1)
sphere
title('原图')
subplot(2,2,2)
sphere
shading faceted
title('shading faceted')
subplot(2,2,3)
sphere
shading flat
title('shading flat')
subplot(2,2,4)
sphere
shading interp
title('shading interp')
```

执行命令后，自动打开一个图形窗口绘制 4 个子图，如图 6 - 14 所示。

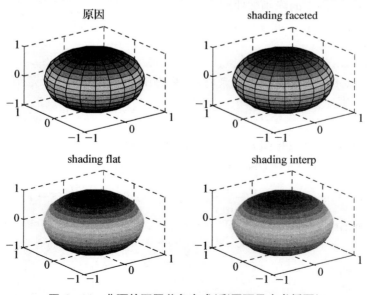

图 6 - 14　曲面的不同着色方式（彩图可见本书插页）

6.4 隐函数绘图

如果函数用隐函数的形式给出，一般很难利用 plot、plot3、mesh、surf 等函数绘制图形。MATLAB 提供了用于绘制隐函数图形的函数。

6.4.1 隐函数二维曲线绘图

绘制隐函数二维曲线的函数为 ezplot，有以下几种情形：

（1）对于显函数 $f = f(x)$，除了可以利用 plot 函数绘制曲线外，亦可利用 ezplot 函数绘制曲线，有以下 2 种调用格式。

ezplot('f')：在默认区间 $-2\pi \leqslant x \leqslant 2\pi$ 绘制显函数 $f = f(x)$ 的曲线。

ezplot('f',[a,b])：在区间 $a \leqslant x \leqslant b$ 绘制 $f = f(x)$ 的曲线。

（2）对于参数方程 $\begin{cases} x = x(t) \\ y = y(t) \end{cases}$ 确定的函数，除了可以利用 plot 函数绘制曲线外，亦可利用 ezplot 函数绘制曲线，有以下 2 种调用格式。

ezplot('x', 'y')：在默认区间 $0 \leqslant t \leqslant 2\pi$ 绘制参数方程确定的曲线。

ezplot('x','y',[tmin,tmax])：在区间 $t_{min} \leqslant t \leqslant t_{max}$ 绘制参数方程确定的曲线。

（3）对于由方程 $f(x,y) = 0$ 确定的隐函数，ezplot 函数有以下 2 种调用格式。

ezplot('f')：在默认区间 $-2\pi \leqslant x \leqslant 2\pi$ 和 $-2\pi \leqslant y \leqslant 2\pi$ 绘制方程 $f(x,y) = 0$ 确定的隐函数曲线。

ezplot('f',[xmin,xmax,ymin,ymax])：在区间 $x_{min} \leqslant x \leqslant x_{max}$ 和 $y_{min} \leqslant y \leqslant y_{max}$ 绘制方程 $f(x,y) = 0$ 确定的隐函数曲线。

ezplot('f',[a,b])：在区间 $a \leqslant x \leqslant b$ 和 $a \leqslant y \leqslant b$ 绘制方程 $f(x,y) = 0$ 确定的隐函数曲线。

> **说明：**利用 ezplot 函数绘制二维曲线时，会将隐函数的表达式自动添加为图形标题，并自动给坐标轴添加标注。

例 6-14 利用隐函数绘图方法分别绘制如下曲线：

（1）$x^2 + y^2 = 1$；（2）$y = \cos(\tan \pi x)(0 \leqslant x \leqslant 1)$；

（3）$x^3 + y^3 - 5xy + 0.2 = 0(-5 \leqslant x, y \leqslant 5)$；（4）$\begin{cases} x = t^2 \\ y = 5t^3 \end{cases} (-1 \leqslant t \leqslant 1)$。

在命令窗口中输入如下命令：

```
subplot(2,2,1)
ezplot('x^2+y^2-1',[-1,1,-1,1])
subplot(2,2,2)
```

```
ezplot('cos(tan(pi * x))',[0,1])
subplot(2,2,3)
ezplot('x^3 + y^3 - 5 * x * y + 0.2',[-5,5,-5,5])
subplot(2,2,4)
ezplot('t^2','t^3',[0,1])
```

执行命令后,自动打开一个图形窗口绘制 4 个子图,如图 6-15 所示。

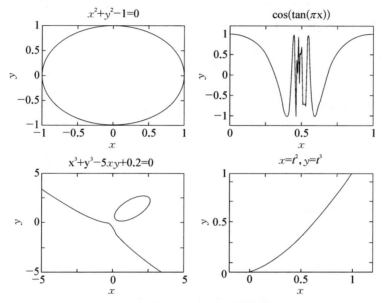

图 6-15　隐函数二维绘图(彩图可见本书插页)

6.4.2　隐函数三维图形绘制

绘制三维曲线时,一般需要将三维曲线的方程表示为参数形式,即

$$\begin{cases} x = x(t) \\ y = y(t) \quad (a \leqslant t \leqslant b) \\ z = z(t) \end{cases}$$

然后利用 plot3 函数进行绘图,亦可利用 ezplot3 函数绘制参数方程表示的三维曲线,有以下 2 种调用格式。

ezplot3('x','y','z'):在默认区间 $0 \leqslant t \leqslant 2\pi$ 绘制参数方程确定的三维曲线。

ezplot3('x','y','z',[tmin,tmax]):在区间 $t_{\min} \leqslant t \leqslant t_{\max}$ 绘制参数方程确定的三维曲线。

绘制隐函数曲面的函数为 ezmesh 或 ezsurf。下面以 ezsurf 为例介绍以下几种情形:

(1) 对于显函数 $z = f(x,y)$,除了可以利用 surf 函数绘制曲面外,亦可利用 ezsurf 函数绘制曲面,有以下 2 种调用格式。

ezsurf('f'):在默认区域 $-2\pi \leqslant x \leqslant 2\pi$,$-2\pi \leqslant y \leqslant 2\pi$ 绘制显函数 $z = f(x,y)$ 的曲面。

ezsurf('f',[xmin,xmax,ymin,ymax])：在区域 $x_{\min} \leqslant x \leqslant x_{\max}, y_{\min} \leqslant y \leqslant y_{\max}$ 绘制显函数 $z = f(x, y)$ 的曲面。

（2）对于参数方程 $\begin{cases} x = x(s, t) \\ y = y(s, t) \\ z = z(s, t) \end{cases}$ 确定的函数，除了可以利用 surf 函数绘制曲面外，亦可利用 ezsurf 函数绘制曲面，有以下 2 种调用格式。

ezsurf('x','y','z')：在默认区域 $0 \leqslant s \leqslant 2\pi, 0 \leqslant t \leqslant 2\pi$ 绘制参数方程确定的曲面。

ezsurf('x','y','z',[smin,smax,tmin,tmax])：在区域 $s_{\min} \leqslant s \leqslant s_{\max}, t_{\min} \leqslant t \leqslant t_{\max}$ 绘制参数方程确定的曲面。

> **说明：**
>
> （1）若要绘制由方程 $f(x, y, z) = 0$ 确定的隐函数图形，无法直接使用 ezsurf 函数，需将隐函数显化或者转化为参数方程形式后再利用 ezsurf 函数绘图。
>
> （2）利用 ezplot3、ezsurf 等函数绘制三维图形时，会将隐函数的表达式自动添加为图形标题，并自动给坐标轴添加标注。

例 6-15 利用隐函数绘图方法分别绘制如下图形：

（1）$\begin{cases} x = t \\ y = \cos t \ (0 \leqslant t \leqslant 10\pi) ; \\ z = \sin t \end{cases}$ （2）$\begin{cases} x = (1 + \cos u)\cos v \\ y = (1 + \cos u)\sin v ; \\ z = \sin u \end{cases}$

（3）$z = e^{x+y} \ (-1 \leqslant x \leqslant 1, -2 \leqslant y \leqslant 2)$；（4）$z = 1$。

在命令窗口中输入如下命令：

```
subplot(2,2,1)
ezplot3('t','cos(t)','sin(t)',[0,10 * pi])
subplot(2,2,2)
ezsurf('(1 + cos(u)) * cos(v)','(1 + cos(u)) * sin(v)','sin(u)')
subplot(2,2,3)
ezsurf('exp(x + y)',[ - 1,1, - 2,2])
subplot(2,2,4)
ezsurf('1')
```

执行命令后，自动打开一个图形窗口绘制 4 个子图，如图 6-16 所示。

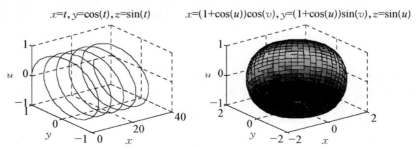

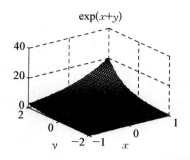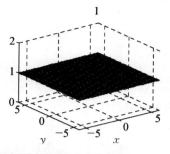

图6-16　隐函数三维绘图(彩图可见本书插页)

　　本章主要介绍了 MATLAB 绘制二维曲线、MATLAB 绘制三维曲线与曲面、MATLAB 绘制图形的辅助操作、MATLAB 隐函数二维与三维绘图方法等。为便于读者使用,下面将本章中的主要 MATLAB 函数(命令)及其功能进行汇总。

函数(命令)	功　能
plot	绘制直角坐标系下的二维曲线
polar	绘制极坐标系下的二维曲线
plot3	绘制三维曲线
meshgrid	绘制曲面前生成平面网格坐标矩阵
mesh	绘制网格曲面图
surf	绘制曲面图
ezplot	绘制隐函数二维曲线
ezplot3	绘制隐函数三维曲线
ezsurf	绘制隐函数曲面
hold on	在原有的图形上继续绘制图形
subplot	将当前绘图窗口进行分割以绘制子图

 习题6

一、单选题

　　1. 在图形窗口任意位置添加标注的函数为(　　)。

　　A. text　　　　　　　　B. gtext　　　　　　　　C. lengend　　　　　　　　D. title

2. 取消图形坐标轴的命令为（　　　）。

    A. axis equal   B. axis auto   C. axis on   D. axis off

3. 需要在原图形窗口中继续绘制新图形，可在绘制新图形前使用命令（　　　）。

    A. box on   B. box off   C. hold on   D. hold off

4. subplot(2,2,3)是指（　　　）的子图。

    A. 两行两列的左下图   B. 两行两列的右下图

    C. 两行两列的左上图   D. 两行两列的右上图

5. 下列在子图中绘制图形代码正确的是（　　　）。

    A. x＝0:0.1:10;y＝x^2;plot(x,y);subplot(2,2,1)

    B. x＝0:0.1:10;y＝x.^2;plot(x,y);subplot(2,2,1)

    C. x＝0:0.1:10;y＝x^2;subplot(2,2,1);plot(x,y)

    D. x＝0:0.1:10;y＝x.^2;subplot(2,2,1);plot(x,y)

6. 命令 text(1,1,'{\alpha}\leq{2\pi}')执行后,得到的标注效果是（　　　）。

    A. {\alpha}\leq{2\pi}   B. $\alpha \geq 2\pi$

    C. $\alpha \leq 2\pi$ D. {α}\leq{2π}

7. 给图形窗口添加坐标网格的命令为（　　　）。

    A. box on   B. box off   C. grid on   D. grid off

8. 下列绘制三维曲面图形代码正确的是（　　　）。

    A. x＝0:0.1:10;y＝0:0.1:10;z＝x.^2+y.^2;surf(x,y,z)

    B. x＝0:0.1:10;y＝0:0.1:10;z＝x^2+y^2;mesh(x,y,z)

    C. x＝0:0.1:10;[x,y]＝meshgrid(x);z＝x.^2+y.^2;mesh(x,y,z)

    D. x＝0:0.1:10;[x,y]＝meshgrid(x);z＝x^2+y^2;surf(x,y,z)

二、填空题

1. 请在下列空格处完善绘制曲线 y＝sinxcosx 的代码。

```
x = linspace(0,2 * pi,100);
_____;
plot(x, y)
```

2. 请在下列空格处完善在直角坐标系下绘制红色虚线曲线的代码。

```
t = 0:pi /100:2 * pi;
x = sin(t);
y = cos(t);
_____;
```

3. 请在空格处完善在同一个图形窗口绘制两条曲线的代码,其中第一条曲线要求为蓝色,第二条曲线要求为黑色。

```
x = 0:pi /100:2 * pi;
y1 = sin(x);
y2 = cos(x);

_____ ;
```

4. 请在空格处完善绘制曲线极坐标图的代码,其中要求曲线为绿色。

```
x = linspace(0, 2 * pi, 100);
y = sin(x).  * cos(x);

_____ ;
```

5. 请在空格处完善绘制三维曲线图的代码,其中要求曲线的颜色为白色。

```
t = linspace(0, 2 * pi, 100);
x = sin(t);
y = cos(t);
z = t;

_____ ;
```

6. 请在空格处完善绘制三维曲面图的代码(仅需填写一行代码)。

```
x = 0:0.1:10;
y = 0:0.1:5;

_____ ;

z = x. * y;
surf(x, y, z)
```

三、应用题

1. 将绘图窗口分割成 2 行 2 列的绘图区,并依次在各绘图区绘制下列曲线。

(1) $y = \mathrm{e}^{-x^2}(-1 \leqslant x \leqslant 1)$；

(2) $\begin{cases} x = \cos t + t\sin t \\ y = \sin t - t\cos t \end{cases}(0 \leqslant t \leqslant 2\pi)$；

(3) $\rho = 3(1 + \cos 2\theta)(0 \leqslant \theta \leqslant 2\pi)$；

(4) $\dfrac{x^2}{2} + \dfrac{y^2}{3} = 1$。

2. 将绘图窗口分割成 2 行 2 列的绘图区,并依次在各绘图区绘制下列三维图形。

(1) $\begin{cases} x = 6t + 1 \\ y = (t+1)^2 \\ z = 2t \end{cases}(-2 \leqslant t \leqslant 2)$；

(2) $z = x^2 + y^2(-5 \leqslant x \leqslant 5, 2 \leqslant y \leqslant 4)$；

(3) $\begin{cases} x = u\cos v \\ y = u\sin v \\ z = u^2 \end{cases} (-2 \leqslant u \leqslant 2, 0 \leqslant v \leqslant 2\pi);$

(4) 球心在原点,半径为 2 的球面。

3. 在同一图形窗口中绘制如下曲线:

(1) $y = x^2 - 2(-1 \leqslant x \leqslant 1);$ (2) $\begin{cases} x = \sin 2t\cos t \\ y = \sin 2t\sin t \end{cases}(0 \leqslant t \leqslant 2\pi);$

并要求曲线(1)利用红色的点虚线进行绘制,曲线(2)利用黑色的长虚线进行绘制。

实验 6

一、实验目的

1. 掌握绘制二维图形的常用函数。

2. 掌握绘制三维图形的常用函数。

3. 掌握绘制图形的辅助操作。

二、实验内容

1. 设 $y_1 = \sin 2\pi x\cos 2\pi x$, $y_2 = \dfrac{\sqrt{1+x^2}}{x}$, $0 \leqslant x \leqslant 1$, 利用不同颜色和线型在同一坐标系内绘制两个函数的曲线。

2. 将绘图窗口分割成左、右两个子区域,分别绘制曲线 $y = x\mathrm{e}^x(1 \leqslant x \leqslant 2)$ 和曲线 $\rho = \cos 3\theta(0 \leqslant \theta \leqslant 2\pi)$。

3. 设 $y = \begin{cases} x^2 - 1 & x \leqslant 1 \\ \ln(\sqrt{1+x^2} + x - 1) & x > 1 \end{cases}$, 在 $-3 \leqslant x \leqslant 3$ 区间绘制函数对应的曲线。

4. 绘制曲线 $\begin{cases} x^2 + y^2 + z^2 = 1 \\ x^2 + y^2 = 1 \end{cases}$, 并添加坐标轴标注。

5. 利用子图方式绘制 4 个不同观察视点下函数 $z = \mathrm{e}^{-\sqrt{x^2+y^2}}$ 的网格曲面图,其中 x 在 $[-1,1]$ 内均匀取 21 个值,y 在 $[0,2]$ 内均匀取 31 个值。

6. 绘制参数方程 $\begin{cases} x = 2\cos u \\ y = 2\sin u \\ z = v \end{cases}(0 \leqslant u \leqslant 2\pi, 0 \leqslant v \leqslant 2)$ 对应的曲面图,并在网格片内采用颜色插值的方式对曲面进行着色。

7

第七章

MATLAB 图像处理基础

数字图像处理又称为计算机图像处理,它是指将图像信号转换成数字信号并通过计算机对其进行一系列的操作,以得到所期望的结果。MATLAB 提供了一个功能强大的图像处理工具箱,可以对图像进行专业的处理。本章主要介绍 MATLAB 图像的基本操作,包括图像的读取、图像的写入、图像的显示、图像类型的转换;MATLAB 图像的基本运算,包括图像的代数运算、图像的几何变换;MATLAB 图像的灰度变换与直方图均衡化,包括图像的灰度变换、图像的灰度直方图均衡化;MATLAB 图像的去噪,包括噪声的添加、滤波器的创建、图像去噪;MATLAB 图像的边缘检测。

7.1 图像的基本操作

7.1.1 图像的读取

在利用 MATLAB 进行图像处理前,需先将图像读入到 MATLAB 系统中。在MATLAB 中,用于读取图像的函数是 imread,其调用格式为

I=imread('filename.fmt'):将当前目录文件夹中的图像读入到 MATLAB 工作空间,并将图像对应的数组赋值给变量 I。其中,filename 为需要读入图像的文件名,fmt 为图像格式的后缀名。

说明:

(1) MATLAB 支持多种图像格式,如 bmp、jpg、tif、gif、png 等。

(2) 在读取图像时,务必要注意图像的存储路径。要么将图像存储在当前目录文件夹中,要么在读取时指定详细的存储路径。例如,若图像 image.jpg 的存储路径为"C:\Users\kuky\Desktop",则 MATLAB 读取该图像的命令应为:

```
I = imread('C:\Users\kuky\Desktop\image.jpg');
```

(3) 在 MATLAB 中,灰度图像与 RGB 图像(即彩色图像)是两种常见的图像类型。若所读取的图像是灰度图像,则 I 是一个二维矩阵,但矩阵中的元素值为 0～255 之间的整数;若所读取的图像是 RGB 图像,则 I 是一个三维矩阵,分别存储每个像素点的红、绿、蓝颜色数据,各数据值都为 0～255 之间的整数。

7.1.2　图像的写入

图像处理过程完毕后,往往需要将写入(存储)结果图像。在 MATLAB 中,用于写入图像的函数是 imwrite,其调用格式为

imwrite(I,'filename.fmt'):将数组 I 对应的图像写入到当前目录文件夹中,且图像的文件名命名为 filename,图像格式选取为 fmt。

> **说明:**
>
> 　(1) 图像写入函数 imwrite 无须返回变量,即不能将图像写入结果赋值给某个变量。
>
> 　(2) 图像写入时,可选取 MATLAB 支持的任一种图像格式,如 bmp、jpg、tif、gif、png 等。
>
> 　(3) 在写入图像时,务必要注意图像的写入路径。要么将图像写入到当前目录文件夹中,要么写入到指定的位置。例如,若需要将数组 I 对应的图像以文件名为 image、格式为 png 写入到"C:\Users\kuky\Desktop"中,则 MATLAB 写入该图像的命令应为:
>
> ```
> imwrite(I,'C:\Users\kuky\Desktop\image.png')
> ```

7.1.3　图像的显示

在 MATLAB 中,获得图像对应的数组后,可利用 inshow 函数显示该数组对应的图像,其调用格式有以下几种。

imshow(I,n):显示灰度级为 n 的灰度图像 I,n 缺省时为 256。

imshow(I,[low high]):显示灰度值在区间[low high]内的灰度图像 I。当[low high]取空向量[]时,系统将自动对数据进行标度。

imshow(R):显示 RGB 图像 R。

例 7－1　图像的读取、显示、写入示例。

在命令窗口输入如下命令:

```
I = imread('moon.tif');      % moon.tif 为 MATLAB 系统自带的灰度图像
R = imread('flower.bmp');    % 读取存储在当前目录文件夹中的彩色图像
subplot(1,2,1)
imshow(I)                    % 显示灰度图像
title('灰度图像')
subplot(1,2,2)
imshow(R)                    % 显示彩色图像
title('彩色图像')
```

执行命令后,返回结果如图 7 – 1 所示。

图 7 – 1　图像的显示(彩图可见本书插页)

将图像读取到 MATLAB 后,在 workspace 中可以查看该图像对应数据的具体情形, 如图 7 – 2 所示。

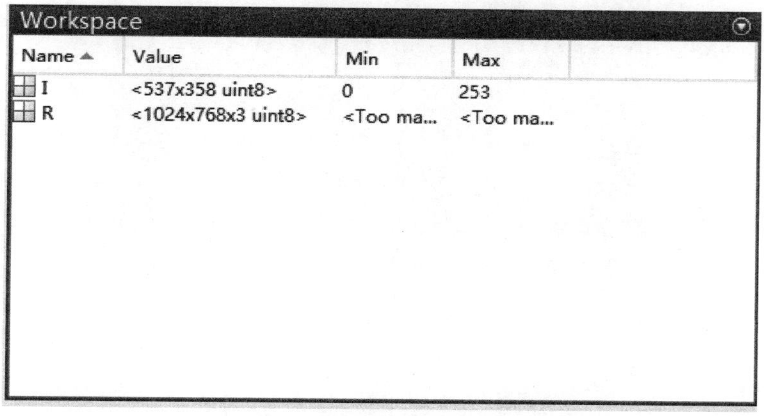

图 7 – 2　图像数据的查看

由图 7 – 2 可知,I 是一个二维矩阵,对应的图像是一个大小为 537×358 的灰度图 像;R 是一个三维矩阵,对应的图像是一个大小为 1027×768 的彩色图像。若需要将矩 阵 I 对应的图像以其他文件名(例如,moon1)和格式(例如,png)写入到指定位置,可继 续在命令窗口输入如下命令:

```
imwrite(I,'C:\Users\kuky\Desktop\moon1.png') %将图像写入到指定位置
```

7.1.4　图像类型的转换

在现实生活中,获得的图像多为 RGB 图像(即彩色图像),而大多数数字图像处理算法 都是基于灰度图像。因此,在对 RGB 图像进行处理前,往往需要先将 RGB 图像转化为灰度 图像。MATLAB 提供的 rgb2gray 函数可将 RGB 图像转化为灰度图像,其调用格式为

I=rgb2gray(R):将 RGB 图像 R 转换为灰度图像 I。

例 7 - 2　图像类型的转换示例。

在命令窗口中输入如下命令：

```
R = imread('flower.bmp');
I = rgb2gray(R);
subplot(1,2,1)
imshow(R)
title('彩色图像 ')
subplot(1,2,2)
imshow(I)
title('转化后的灰度图像 ')
```

执行命令后,返回结果如图 7 - 3 所示。

图 7 - 3　图像类型的转换(彩图可见本书插页)

7.2　图像的基本运算

7.2.1　图像的代数运算

1. 加法运算

MATLAB 提供的将两幅图像进行叠加(加法运算)的函数是 imadd,其调用格式为

$Z = imadd(X, Y)$:将图像 **X** 与图像 **Y** 叠加后得到新图像 **Z**,其中 **X** 与 **Y** 须为同大小、同类型的两幅图像。

例 7 - 3　两幅图像叠加示例。

在命令窗口中输入如下命令：

```
X = imread('rice.png');    % rice.png 为 MATLAB 系统自带的图像
Y = imread('cameraman.tif');    % cameraman.tif 为 MATLAB 系统自带的图像
Z = imadd(X,Y);
```

```
subplot(1,3,1)
imshow(X)
title('rice')
subplot(1,3,2)
imshow(Y)
title('cameraman')
subplot(1,3,3)
imshow(Z)
title('rice add cameraman')
```

执行命令后，返回结果如图 7－4 所示。

rice　　　　　　　cameraman　　　　　rice add cameraman

图 7－4　图像的叠加

另外，imadd 函数也可用于调整图像的亮度，其调用格式为

$Y=imadd(X,c)$：将图像 X 每个像素点的灰度值增加 c 得到新图像 Y，其中 c 取正数时表示提高图像的亮度，c 取负数时表示降低图像的亮度。

例 7－4　图像亮度调整示例。

在命令窗口中输入如下命令：

```
X = imread('rice.png');
Y1 = imadd(X,50);
Y2 = imadd(X, -80);
subplot(1,3,1)
imshow(X)
title('原图')
subplot(1,3,2)
imshow(Y1)
title('提高亮度')
subplot(1,3,3)
imshow(Y2)
title('降低亮度')
```

执行命令后，返回结果如图 7－5 所示。

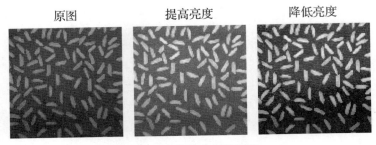

原图　　　　　　提高亮度　　　　　　降低亮度

图 7-5　图像亮度的调整

2. 减法运算

两幅图像的减法运算通常用于检测图像的变化。MATLAB 提供的对两幅图像进行减法运算的函数是 imsubtract，其调用格式为

Z＝imsubtract(X,Y)：将图像 **X** 与图像 **Y** 相减后得到新图像 **Z**，其中 **X** 与 **Y** 须为同大小、同类型的两幅图像。

与 imadd 函数的用法类似，imsubtract 函数也可用于调整图像的亮度，其调用格式为

Y＝imsubtract(X,c)：将图像 **X** 每个像素点的灰度值减少 c 得到新图像 **Y**，其中 c 取正数时表示降低图像的亮度，c 取负数时表示提高图像的亮度。

例 7-5　将某视频前后不同时刻的两幅截图(image1.tiff)和(image2.tiff)进行减法运算，观看效果。

在命令窗口中输入如下命令：

```matlab
X = imread('image2.jpg');    % 读取存储在当前目录文件夹中的图像
Y = imread('image1.jpg');    % 读取存储在当前目录文件夹中的图像
Z = imsubtract(X,Y);
subplot(1,3,1)
imshow(X)
title('后一时刻')
subplot(1,3,2)
imshow(Y)
title('前一时刻')
subplot(1,3,3)
imshow(Z)
title('图像的变化')
```

执行命令后，返回结果如图 7-6 所示。

后一时刻　　　　　　前一时刻　　　　　　图像的变化

图 7-6　图像的减法运算

3. 乘法与除法运算

图像的乘法与除法运算常用于调整图像的亮度。MATLAB 提供的图像乘法与除法运算的函数分别是 immultiply 与 imdivide，下面为它们的调用格式。

Y＝immultiply(X,c)：将图像 **X** 每个像素点的灰度值乘以 c 得到新图像 **Y**，其中 c 一般取正数，当 c＜1 时表示降低图像的亮度，当 c＞1 时表示提高图像的亮度。

Y＝imdivide(X,c)：将图像 **X** 每个像素点的灰度值除以 c 得到新图像 **Y**，其中 c 一般取正数，当 c＜1 时表示提高图像的亮度，当 c＞1 时表示降低图像的亮度。

例 7 - 6　图像的乘法与除法运算示例。

在命令窗口中输入如下命令：

```
X = imread('cameraman.tif');
Y = immultiply(X,0.5);    %降低亮度
Z = imdivide(X,2);        %与 immultiply(X,0.5)等价
subplot(1,3,1)
imshow(X)
title('原图')
subplot(1,3,2)
imshow(Y)
title('乘法运算')
subplot(1,3,3)
imshow(Z)
title('除法运算')
```

执行命令后，返回结果如图 7 - 7 所示。

原图　　　　　　　乘法运算　　　　　　　除法运算

图 7 - 7　图像的乘法与除法运算

7.2.2　图像的几何变换

1. 图像的缩放

MATLAB 提供的用于实现图像缩放的函数是 imresize，其调用格式为

Y＝imresize(X,s,method)：将图像 **X** 等比例扩大至 s 倍或缩小至 1/s 得图像 **Y**。其中，s＞1 时表示等比例扩大，s＜1 时表示等比例缩小；method 用于选取不同插值方法，常用的选项有 'nearest'（最近邻插值）、'cubic'（三次插值）、'bilinear '（双线性插值）和

'bicubic'(双三次插值)等。

例 7 - 7　图像缩放示例。

在命令窗口中输入如下命令：

```
X = imread('cameraman.tif');
Y = imresize(X,1.5,'bilinear');
imshow(X)
title('原图像')
figure
imshow(Y)
title('扩大 1.5 倍的图像')
```

执行命令后，返回结果如图 7 - 8 所示。

扩大1.5倍的图像

原图像

图 7 - 8　图像的扩大

2. 图像的裁剪

MATLAB 提供的用于实现图像裁剪的函数是 imcrop，有以下两种调用格式。

Y＝imcrop(X,r)：将图像 **X** 裁剪为矩形区域。其中，**r** 为向量，代表矩形裁剪区域左上角点的像素坐标及区域的宽和高。

Y＝imcrop(X)：通过点击鼠标手动对图像 **X** 进行裁剪。

例 7 - 8　图像裁剪示例。

在命令窗口中输入如下命令：

```
X = imread('liftingbody.png');    % liftingbody.png 为 MATLAB 系统自带的图像
Y = imcrop(X,[80 180 260 220]);    % 按指定的矩形区域裁剪
subplot(1,2,1)
imshow(X)
title('原图')
subplot(1,2,2)
imshow(Y);
title('裁剪图像')
```

执行命令后，返回结果如图 7 - 9 所示。

原图　　　　　　　　　　　裁剪图像

图 7 - 9　图像的裁剪

3. 图像的旋转

MATLAB 提供的用于实现图像旋转的函数是 imrotate，其调用格式为

Y＝imrotate(X，angle，method，bbox)：对图像 **X** 进行旋转。其中，angle 为旋转角度（取正按逆时针旋转、取负按顺时针旋转）；method 为插值方法，常用的选项有 'nearest'（最近邻插值）、'bilinear '（双线性插值）和 'bicubic'（双三次插值）等；bbox 为边界选项，有 'crop' 和 'loose' 两种选项，'crop' 表示旋转后裁剪图像，'loose' 为默认选项，表示允许旋转后的图像包含原图像的整体信息。

例 7 - 9　图像旋转示例。

在命令窗口中输入如下命令：

```
X = imread('liftingbody.png');
Y1 = imrotate(X,60,'bicubic');            % 逆时针旋转
Y2 = imrotate(X, - 60,'bicubic','crop');   % 顺时针旋转并裁剪
subplot(1,3,1)
imshow(X)
title('原图')
subplot(1,3,2).
imshow(Y1)
title('逆时针旋转')
subplot(1,3,3)
imshow(Y2)
title('顺时针旋转并裁剪')
```

执行命令后，返回结果如图 7 - 10 所示。

原图　　　　　　逆时针旋转　　　　顺时针旋转裁剪

图 7 - 10　图像的旋转

7.3 图像的灰度变换与直方图均衡化

图像的灰度变换与直方图均衡化都可视为基于灰度拉伸的图像增强方法。所谓图像增强,是指有目的地强调图像的整体或局部特性,将原来不清晰的图像变得清晰或强调某些感兴趣的特征,它可以是一个失真的过程,其目的是针对给定图像的应用场合改善图像的视觉效果。

7.3.1 图像的灰度变换

在数字图像处理中,直接对像素进行的操作称为空间域(简称空域)处理。对数字图像处理,包括对彩色图像的处理,往往都可看作是对像素灰度值的操作,所以对图像进行灰度变换也是图像处理过程中的一个基础内容。

MATLAB 提供的用于图像灰度变换的函数是 imadjust,其调用格式为

Y=imadjust(X,[low_in high_in],[low_out high_out], gamma):对图像 X 进行灰度变换得到图像 Y。其中,[low_in high_in]用于指定图像 X 中被执行变换的灰度级,灰度级的取值范围为 0~1;[low_out high_out]表示图像 X 中的像素变换后被映射到 low_out~high_out 的灰度级上;gamma 用于指定变换的映射方式,默认值为 1 表示线性映射,gamma 小于 1 表示映射被加权至更高的灰度级,gamma 大于 1 表示映射被加权至较低灰度级。

例 7-10 图像灰度变换示例。

在命令窗口中输入如下命令:

```
X = imread('football.jpg');    % football.jpg 为 MATLAB 系统自带的图像
Y1 = imadjust(p,[0.1 0.6]);        % 将灰度级 0.1~0.6 范围的像素线性变换到 0~1 上
Y2 = imadjust(p,[],[],0.6);        % 将灰度级加权至更高
Y3 = imadjust(p,[0 1],[1 0]);      % 将灰度级进行倒变换
subplot(2,2,1)
imshow(X)
title('原图')
subplot(2,2,2)
imshow(Y1)
title('灰度级线性变换')
subplot(2,2,3)
imshow(Y2)
title('灰度级加权至更高')
subplot(2,2,4)
imshow(Y3)
title('灰度级倒变换')
```

执行命令后,返回结果如图 7-11 所示。

原图   灰度级线性变换   灰度级加权至更高   灰度级倒变换

图 7-11 图像的灰度变换(彩图可见本书插页)

7.3.2 图像的灰度直方图均衡化

1. 灰度直方图

图像的灰度直方图用于统计各个灰度级像素的分布概率,它虽然不能反映各像素在图像中的二维坐标,但通过灰度直方图的形状可以判断该图像的清晰度和黑白对比度。MATLAB 提供的绘制图像灰度直方图的函数是 imhist,其调用格式为

imhist(X,b):绘制图像 **X** 的灰度直方图。其中,b 用于指明直方图统计时显示的整个灰度级分段数目,例如,对于 uint8 数据格式的图像,当 $b=2$ 时,灰度分为 $0\sim127$ 及 $128\sim256$ 两段。省略 b 时,表明灰度级不分段,这也是默认方式。

> 注意:imhist 函数仅适用于灰度图像,不适用 RGB 图像(即彩色图像)。

例 7-11 图像的灰度直方图示例。

在命令窗口中输入如下命令:

```
X = imread('football.jpg');
Y = rgb2gray(X);   % 将彩色图像转化为灰度图像
imhist(Y)
```

执行命令后,返回结果如图 7-12 所示。

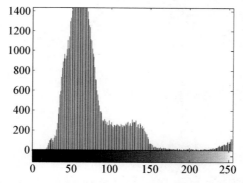

图 7-12 图像的灰度直方图(彩图可见本书插页)

2. 灰度直方图均衡化

当一幅图像基调过暗或过亮时,需要对其进行必要的处理,使得图像明暗均匀,视觉效果变得更为理想。灰度直方图均衡化可将图像中的像素灰度做某种映射变换,使其变成具有均匀概率分布的新图像,从而使图像视觉效果更加清晰。MATLAB 提供的实现灰度直方图均衡化的函数是 histeq,其调用格式为

Y＝histeq(X,outlev):将图像 **X** 进行灰度直方图均衡化后得到图像 **Y**。其中,outlev 用于指定输出图像 **Y** 的灰度级数,默认值为 64,通常将其取为 256,即全灰度级。

例 7 - 12 图像的灰度直方图均衡化示例。

在命令窗口中输入如下命令:

```
X = imread('tire.tif');   % tire.tif 为 MATLAB 系统自带的图像
subplot(2,2,1)
imshow(X)
title('原图')
subplot(2,2,2)
imhist(X)
title('原图的直方图')
Y = histeq(X);
subplot(2,2,3)
imshow(Y)
title('直方图均衡化后的图像')
subplot(2,2,4)
imhist(Y)
title('直方图均衡化后图像的直方图')
```

执行命令后,返回结果如图 7 - 13 所示。

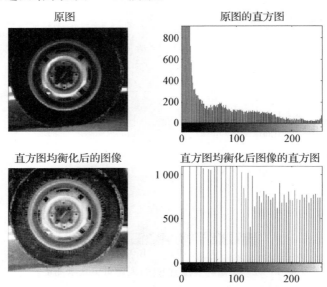

图 7 - 13 灰度直方图均衡化(彩图可见本书插页)

7.4 图像的去噪

现实中的数字图像在数字化和传输过程中不可避免地受到成像设备与外部环境干扰等影响,这些图像称为含噪图像或噪声图像。图像去噪的目的是在尽可能保持图像有用细节的前提下去除噪声,从而获得更为真实的图像。

7.4.1 噪声的添加

在科学研究与实验中,有时需要先给图像添加噪声,然后再对图像进行去噪处理,以检验图像去噪方法的效果。在 MATLAB 中,给图像添加噪声的函数是 imnoise,其调用格式为

$Y=$ imnoise(X,type,para):给图像 X 添加噪声后得到图像 Y。其中,type 用于指定噪声的类型;para 用于指定不同类型噪声的相应参数,可缺省。噪声的常用类型及其参数见表 7-1 所示。

表 7-1　噪声的常用类型

type	para	说　明
'gaussian'	m，v	均值为 m 和方差为 v 的 Gaussian 白噪声(m,v 可缺省)
'localvar'	v	方差为 v 的零均值 Gaussian 白噪声(v 可缺省)
'poisson'	无	Poisson 噪声
'salt & pepper'	d	污染程度为 d 的椒盐噪声(d 可缺省)
'speckle'	v	均值为 0 和方差为 v 的乘性噪声(v 可缺省)

例 7-13 图像添加噪声示例。

在命令窗口中输入如下命令:

```
X = imread('eight.tif');   % eight.tif 为 MATLAB 系统自带的图像
Y1 = imnoise(X,'gaussian');
Y2 = imnoise(X,'poisson');
Y3 = imnoise(X,'salt & pepper');
subplot(2,2,1)
imshow(X)
title('原图')
subplot(2,2,2)
imshow(Y1)
title('添加高斯噪声')
subplot(2,2,3)
imshow(Y2)
title('添加泊松噪声')
```

```
subplot(2,2,4)
imshow(Y3)
title('添加椒盐噪声')
```

执行命令后,返回结果如图 7 - 14 所示。

原图   添加高斯噪声   添加泊松噪声   添加椒盐噪声

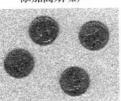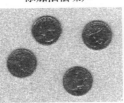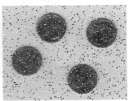

图 7 - 14　图像添加噪声

7.4.2　滤波器的创建

在数字图像处理中,可利用不同的滤波器对图像进行去噪。因此,在对图像进行去噪前,要先创建滤波器。在 MATLAB 中,利用 fspecial 函数创建预定义的滤波器,其调用格式为

H＝fspecial(type,para):创建指定类型的二维滤波器 H。 其中,type 为滤波器的类型,para 为滤波器的相关参数。常用滤波器类型见表 7 - 2 所示。

表 7 - 2　常用的滤波器类型

type	para	说　明
'average'	[m n]	模板大小为 $m \times n$ 的均值滤波器(m,n 可缺省)
'disk'	r	模板大小为 $(2r+1) \times (2r+1)$ 的圆形均值滤波器(r 可缺省)
'gaussian'	[m,n], s	模板大小为 $m \times n$ 且标准偏差为 s 的 Gaussian 低通滤波器(m,n,s 可缺省)
'laplacian'	a	模板大小为 3×3、形状参数为 a 的二维 Laplacian 滤波器(a 的取值范围为 0～1,可缺省)
'log'	[m,n], s	模板大小为 $m \times n$ 且标准偏差为 s 的 Gaussian－Laplacian 滤波器(m,n,s 可缺省)
'motion'	s, t	以逆时针方向移动 t 角度和 s 个像素的运动滤波器(s,t 可缺省)
'prewitt'	无	模板大小为 3×3 的 Prewitt 水平边缘增强滤波器
'sobel'	无	模板大小为 3×3 的 Sobel 水平边缘增强滤波器

7.4.3　图像去噪

利用 fspecial 函数创建滤波器后,可利用 MATLAB 提供的 imfilter 函数实现图像的去噪。imfilter 函数的调用格式为

Y＝imfilter(X,H):使用创建的滤波器 H 对图像 X 进行去噪后得到图像 Y。

除此以外,也可直接利用 MATLAB 提供的 medfilt2 函数进行图像去噪,其调用格式为

Y＝medfilt2(X,[m n]):利用模板大小为 $m \times n$ 的中值滤波器对图像 X 进行去噪后得到图像 Y,默认的模板大小为 3×3。

例 7 - 14 图像的去噪示例。

在命令窗口中输入如下命令:

```
X = imread('coins.png');
Y = imnoise(X,'salt & pepper');    %添加椒盐噪声
H1 = fspecial('average');              %创建均值滤波器
Y1 = imfilter(Y,H1);       %利用创建的滤波器去噪
Y2 = medfilt2(Y);        %利用中值滤波器去噪
subplot(2,2,1)
imshow(X)
title('原图')
subplot(2,2,2)
title('添加噪声的图像')
imshow(Y)
subplot(2,2,3)
imshow(Y1)
title('均值滤波器去噪')
subplot(2,2,4)
imshow(Y2)
title('中值滤波器去噪')
```

执行命令后,返回结果如图 7 - 15 所示。

原图   均值滤波器去噪   中值滤波器去澡

图 7 - 15 图像的去噪

7.5 图像的边缘检测

边缘检测是数字图像处理中的一个基本问题,其目的是标识数字图像中亮度变化明显的点,也是图像分割中的一种常用方法。

MATLAB 提供的用于图像边缘检测的函数是 edge,其调用格式为

Y＝edge(X,method,para):对灰度图像 X 进行边缘检测得到二值图像 Y(即黑白图

像)。其中,method 用于指定边缘检测算子,para 为边缘检测算子对应的参数。常用的边缘检测算子见表 7－3 所示。

表 7－3　常用的边缘检测算子

method	para	说　明
'roberts'	t	阈值取为 t 的 Roberts 算子(t 可缺省)
'sobel'	t, d	方向取为 d、阈值取为 t 的 Sobel 算子(d 的选项有 'horizontal'、'vertical'、'both'; d,t 可缺省)
'prewitt'	t, d	方向取为 d、阈值取为 t 的 Prewitt 算子(d 的选项有 'horizontal'、'vertical'、'both'; d,t 可缺省)
'log'	t, s	滤波器取标准差为 s 的 Log 滤波器、阈值取为 t 的 Gaussian—Laplacian 算子(t,s 可缺省)
'zerocross'	t, H	滤波器取为创建的滤波器 H、阈值取为 t 的零交叉算子(t,H 可缺省)
'canny'	t, s	滤波器取标准差为 s 的 Gaussian 滤波器、阈值取为 t 的 Canny 算子(t 可缺省)

例 7－15　图像的边缘检测示例。

在命令窗口中输入如下命令:

```
X = imread('tire.tif');
Y1 = edge(X,'roberts');      % Roberts 算子
Y2 = edge(X,'sobel');        % Sobel 算子
Y3 = edge(X,'prewitt');      % Prewitt 算子
Y4 = edge(X,'log');          % Log 算子
Y5 = edge(X,'canny');        % Canny 算子
subplot(2,3,1)
imshow(X)
title('原图')
subplot(2,3,2)
imshow(Y1)
title('Roberts 算子')
subplot(2,3,3)
imshow(Y2)
title('Sobel 算子')
subplot(2,3,4)
imshow(Y3);
title('Prewitt 算子')
subplot(2,3,5)
imshow(Y4)
title('Log 算子')
subplot(2,3,6)
imshow(Y5)
title('Canny 算子')
```

执行命令后,返回结果如图 7 - 16 所示。

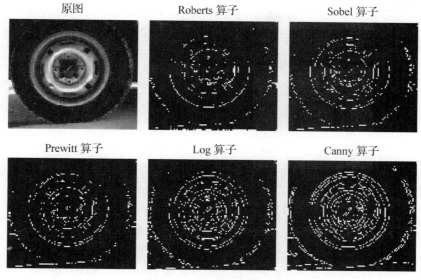

图 7 - 16　图像边缘检测

 本章小结

　　本章主要介绍 MATLAB 图像的基本操作、MATLAB 图像的基本运算、MATLAB 图像的灰度变换与直方图均衡化、MATLAB 图像的去噪、MATLAB 图像的边缘检测。为便于读者使用,下面将本章中的主要 MATLAB 函数及其功能进行汇总。

函　数	功　能	函　数	功　能
imread	读取图像	imwrite	写入图像
imshow	显示图像	rgb2gray	RGB 图像转换为灰度图像
imadd	图像相加	imsubtract	图像相减
immultiply	图像相乘	imdivide	图像相除
imresize	图像缩放	imcrop	图像裁剪
imrotate	图像旋转	imadjust	图像灰度变换
imhist	图像灰度直方图	histeq	图像灰度直方图均衡化
imnoise	给图像添加噪声	fspecial	创建滤波器
imfilter	图像去噪	medfilt2	图像去噪
edge	图像边缘检测		

习题 7

一、单选题

1. 在 MATLAB 中,用于读取图像的函数是( )。

A. xlsread   B. imread   C. xlswrite   D. imwrite

2. 将图像读入 MATLAB 后,图像数据存储在( )。

A. 命令窗口中   B. 当前目录文件夹中

C. 工作空间中   D. 图形窗口中

3. 将一幅彩色图像读入 MATLAB 后,对应的图像数据是一个( )。

A. 向量   B. 二维矩阵   C. 三维矩阵   D. 符号矩阵

4. 将一幅图像 X 读入 MATLAB 后,命令 immultiply(X,0.2) 的功能是( )。

A. 提高图像的亮度   B. 降低图像的亮度

C. 将图像进行旋转   D. 将图像进行缩小

5. 下列 MATLAB 函数中,可用于图像去噪的函数是( )。

A. imresize   B. imadjust   C. medfilt2   D. edge

二、应用题

1. 试利用图像的加法给一幅图像添加水印。

2. 首先将一幅彩色图像转化为灰度图像,然后再将灰度图像等比例扩大 2 倍。

3. 首先绘制一幅图像的灰度直方图,然后对该图像进行灰度直方图均衡化,并对比灰度直方图均衡化前后的效果。

4. 首先给一幅图像添加噪声,然后进行去噪操作。

5. 试利用不同方法对一幅图像进行边缘检测,并对比分析不同方法的效果。

 实验 7

一、实验目的

1. 掌握图像的基本操作与基本运算。

2. 掌握图像灰度直方图均衡化方法。

3. 掌握图像去噪方法。

4. 掌握图像边缘检测方法。

二、实验内容

1. 自行选取一幅彩色图像,完成以下操作:

(1) 将该彩色图像读入到 MATLAB 中。

(2) 将该彩色图转化为灰度图。

(3) 利用子图方式显示两幅图像。

(4) 将灰度图写入到 MATLAB 的当前目录文件夹中。

2. 自行选取两幅灰度图像,完成以下操作:

（1）提高其中一幅图像的亮度,降低另一幅图像的亮度。

（2）将两幅图像叠加在一起。

（3）将其中一幅图像缩小至 1/2 后顺时针旋转 90 度。

（4）绘制其中一幅图像的灰度直方图,然后对该图像进行灰度直方图均衡化,并用子图方式显示灰度直方图均衡化前后的效果。

3. 自行选取一幅灰度图像,完成以下操作:

（1）给该图像添加不同类型的噪声,并用子图方式显示添加不同噪声的效果。

（2）首先给该图像添加椒盐噪声,然后利用不同的方法进行去噪,并用子图方式显示不同去噪方法的效果。

4. 自行选取一幅灰度图像,分别利用不同方法对该图像进行边缘检测,并用子图方式显示不同边缘检测方法的效果。

第八章

MATLAB 数值计算基础

在科学研究与工程应用中,很多问题都需要利用数值计算方法进行求解。正是由于具有强大的数值计算能力,MATLAB 成为当今国际科学计算语言的主流代表。许多问题的数值求解只需通过调用 MATLAB 提供的函数即可实现,从而为解决这类问题提供了极大的方便。本章将主要介绍 MATLAB 求解非线性方程,包括求解一元多项式方程、求解一元非线性方程、求解多元非线性方程组;MATLAB 求解线性方程组,包括求线性方程组的通解、矩阵分解法求解线性方程组、迭代法求解线性方程组;MATLAB 数据插值与曲线拟合,包括一维数据插值、最小二乘多项式曲线拟合、超定方程组的最小二乘解;MATLAB 数值导数与数值积分,包括求函数的数值导数、求定积分的数值积分;MATLAB 常微分方程初值问题的数值求解,包括一阶常微分方程初值问题的数值求解。

8.1 非线性方程的求解

8.1.1 一元多项式方程的求解

设一元 n 次多项式为

$$p(x) = a_n x^n + a_{n-1} x^{n-1} + \cdots + a_1 x + a_0$$

在 MATLAB 中, n 次多项式 $p(x)$ 用其系数构成的向量 $[a_n, a_{n-1}, \cdots, a_1, a_0]$ 表示,其中缺项次数的系数用 0 补充。由代数学知识可知, n 次多项式方程 $p(x) = 0$ 一定有 n 个根,这些根可能包含实根,也可能包含若干对共轭出现的复根。MATLAB 提供的求解多项式方程 $p(x) = 0$ 的函数是 roots,其调用格式为

x=roots(p):求多项式方程 $p(x) = 0$ 的全部根,结果赋值给变量 x。 其中, p 为多项式的系数向量。

例 8-1 求方程 $x^4 - 8x^2 - 1 = 0$ 的根。

在命令窗口中输入如下命令:

```
p=[1 0 -8 0 -1];
x = roots(p)
```

执行命令后,返回结果:

```
x =
  - 2.8501 + 0.0000i
    2.8501 + 0.0000i
  - 0.0000 + 0.3509i
  - 0.0000 - 0.3509i
```

由返回结果可知,方程 $x^4 - 8x^2 - 1 = 0$ 的 4 个近似根分别为: $x_1 = -2.8501$, $x_2 = 2.8501$, $x_3 = 0.3509i$, $x_3 = -0.3509i$。

8.1.2　一元非线性方程的求解

MATLAB 提供的求解一元非线性方程 $f(x) = 0$ 的函数是 fzero,其调用格式为

x＝fzero('fun',x0,tol,trace):用迭代法求一元非线性方程的数值(近似)解,结果赋值给变量 x。其中,fun 为方程对应的函数;x_0 为给定的迭代初值;tol 用来控制结果的相对精度,默认(缺省)时为 tol＝eps;trace 用于指定迭代信息是否在运算中显示,trace＝1时显示,trace＝0 时不显示,默认(缺省)时 trace＝0。

说明:

(1) 上述调用格式中的 fun 为方程对应的函数 $f(x)$,若函数的表达式较为简单,则可直接将函数的表达式用单撇号(' ')引起来;若函数的表达式较为复杂,则可首先建立相应的函数文件,然后将函数文件名用单撇号(' ')引起来。无论是用哪种方式表示函数,函数表达式中的乘法、除法、乘方等运算一般要用点乘、点除、点乘方等点运算。

(2) 若非线性方程 $f(x) = 0$ 有多个解,则 fzero 仅能求出离迭代初值 x_0 最近的那个解。因此,在利用 fzero 函数求解非线性方程 $f(x) = 0$ 时,应合理地选择迭代初值。在实际操作时,可先绘制出函数 $y = f(x)$ 的图像,观察其与 $y = 0$ 的交点大致位置,从而选择合适的迭代初值。

例 8 - 2　求方程 $x - 1/x + 5 = 0$ 的近似解。

【分析】方程对应的函数为 $f(x) = x - 1/x + 5$,其定义域为 $\{x \mid x \neq 0\}$。 为了合理选择迭代初值,画出函数 $y = f(x)$ 在 $[-10, 0) \cup (0, 10]$ 内的图像,如图 8 - 1 所示。

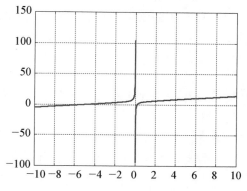

图 8 - 1　函数的图像

观察可知,函数 $y=f(x)$ 与 $y=0$ 的交点大致位置为 $x=-5$ 与 $x=0.5$。

【编程】先建立并保存函数文件 fun1.m

```
function f = fun1(x)
f = x - 1. /x + 5;
```

然后在命令窗口输入如下命令:

```
x = fzero('fun1', - 5)
```

执行命令后,返回结果:

```
x =
    - 5.1926
```

继续在命令窗口输入如下命令:

```
x = fzero('fun1', 0.5)
```

执行命令后,返回结果:

```
x =
    0.1926
```

> **说明:** 由于本例中的函数 $f(x)$ 表达式较为简单,也可不用建立并保存函数文件 fun1.m,而在调用 fzero 函数时直接将函数 $f(x)$ 的表达式用单撇号(' ')引起来即可。因此,也可直接在命令窗口输入如下程序:
>
> ```
> x = fzero(' x - 1. /x + 5', - 5)
> ```
>
> 与
>
> ```
> x = fzero(' x - 1. /x + 5', 0.5)
> ```

8.1.3 多元非线性方程组的求解

MATLAB 提供的求解多元非线性方程组的函数是 fsolve,其调用格式为

X=fsolve('fun',X0,option):利用最优化工具箱求多元非线性方程组的数值(近似)解,结果赋值给向量 $\boldsymbol{X}$。其中,fun 为方程组对应的函数;$\boldsymbol{X}_0$ 为给定的初始向量;option 用于设置优化工具箱的优化参数,一般情况下可将 option 缺省。

> **说明:**
>
> (1) 上述调用格式中的 fun 为方程组对应的函数,需要首先建立相应的函数文件,然后将函数文件名用单撇号(' ')引起来。
>
> (2) 若非线性方程组有多个解,则 fsolve 仅能求出离初始向量 $\boldsymbol{X}_0$ 附近的解。因此,在利用 fsolve 函数求解非线性方程组时,应合理地选择初始向量,这也是一个难点。

例 8 - 3 求下列方程组在$(0,0,0)$附近的近似解并对结果进行验证。

$$\begin{cases} e^x \sin y + z = 0 \\ 2x - y + z = 1 \\ xyz = 0 \end{cases}$$

先建立并保存函数文件 fun2.m

```
function F = fun2(X)
x = X(1);
y = X(2);
z = X(3);
F(1) = exp(x) * sin(y) + z;
F(2) = 2 * x - y + z - 1;
F(3) = x * y * z;
```

然后在命令窗口输入如下命令：

```
X = fsolve('fun2',[0 0 0])
```

执行命令后,返回结果：

```
X =
    0.4996    - 0.0003    0.0005
```

将结果代入原方程组检验结果是否正确,在命令窗口输入如下命令：

```
fun2(X)
```

执行命令后,返回结果：

```
ans =
  1.0e - 06 *
    0.1657    - 0.0000    - 0.0624
```

由此可见,求得的近似解具有较高的精度。

8.2 线性方程组求解

8.2.1 求线性方程组的通解

1. 基本原理

由代数学知识可知,线性方程组 $Ax = b$ 解的情况分为以下两种情形：

(1) 齐次线性方程组

当向量 b 为零向量时, $Ax = 0$ 称为齐次线性方程组。齐次线性方程组总有零解,即 $x = 0$。当 rank(A) $< n$ 时(n 为方程组中未知变量的个数,即 A 的列数),齐次线性方程

组有无穷多个非零解,其通解中包含 $n-\mathrm{rank}(A)$ 个线性无关的解向量,可用 MATLAB 命令 null(A,'r')求得基础解系。

(2) 非齐次线性方程组

当向量 b 不为零向量时,$Ax=b$ 称为非齐次线性方程组。非齐次线性方程组的解要讨论系数矩阵的秩 $\mathrm{rank}(A)$ 与增广矩阵的秩 $\mathrm{rank}([A \quad b])$ 之间的关系:

① 若 $\mathrm{rank}(A)=\mathrm{rank}([A \quad b])=n$,则线性方程组有唯一解,可用 MATLAB 命令 A\b求得唯一解。

② 若 $\mathrm{rank}(A)=\mathrm{rank}([A \quad b])<n$,则线性方程组有无穷多个解,其特解可用 MATLAB 命令 A\b 求得,基础解系可用 MATLAB 命令 null(A,'r')求得。

③ 若 $\mathrm{rank}(A)\neq\mathrm{rank}([A \quad b])$,则线性方程组无解。

在实际应用中,当线性方程组的系数矩阵 A 的阶数较小时,可利用上述原理进行求解。

2. MATLAB 实现

为方便读者使用,根据线性方程求解的基本原理,可编制一个用于求线性方程组通解的函数文件 linear_equations_solution.m。

```
% 求线性方程组通解的函数文件
function [x,y] = linear_equations_solution(A,b)
%A 为系数矩阵
%b 为常数向量(列向量)
[m,n] = size(A);
y = [];
if norm(b) = 0
    disp('齐次方程组,总有零解 x')
    x = zeros(n,1);    %零解
    if rank(A)<n
        disp('齐次方程组有无穷多个解,基础解系为 y')
        y = null(A,'r');    %基础解系
    end
else
    disp('非齐次方程组 ')
    if rank(A) = = rank([A,b])
        if rank(A) = = n
            disp('非齐次方程组有唯一解 x');
            x = A\b;
        else
            disp('非齐次方程组有无穷多个解,特解为 x,基础解系为 y');
            x = A\b;    %特解
            y = null(A,'r');    %基础解系
        end
```

```
    else
        disp('非齐次方程组无解');
        x = [];    % 无解
    end
end
```

例 8 - 4 求解齐次线性方程组

$$\begin{cases} x_1 - 2x_2 + 3x_3 = 0 \\ 3x_1 - x_2 + 5x_3 = 0 \\ 2x_1 + x_2 + 2x_3 = 0 \end{cases}$$

在命令窗口输入如下命令：

```
format rat
A = [1 -2 3;3 -1 5;2 1 2];
b = [0;0;0];
[x,y] = linear_equations_solution(A,b)
```

执行命令后，返回结果：

齐次方程组总有零解 **x**；

齐次方程组有无穷多个解，基础解系为 **y**。

```
x =
       0
       0
       0
y =
     -7/5
      4/5
       1
```

由此可见，方程组的通解为

$$\boldsymbol{X} = k \begin{bmatrix} -7/5 \\ 4/5 \\ 1 \end{bmatrix}$$

其中 k 为任意常数。

例 8 - 5 求解非齐次线性方程组

$$\begin{cases} x_1 - 2x_2 + 3x_3 + x_4 = 1 \\ 3x_1 - x_2 + 5x_3 - 2x_4 = 2 \\ 2x_1 + x_2 + 2x_3 - x_4 = -1 \end{cases}$$

在命令窗口输入如下命令：

```
format rat
A = [1 - 2 3 1;3 - 1 5 - 2;2 1 2 - 1];
b = [1;2; - 1];
[x, y] = linear_equations_solution(A, b)
```

执行命令后,返回结果:

非齐次方程组有无穷多个解,特解为 *x*,基础解系为 *y*。

```
x =
         0
     - 10/7
     - 2/7
     - 1
y =
     - 7/5
       4/5
         1
         0
```

由此可见,方程组的通解为

$$X = \begin{pmatrix} 0 \\ -10/7 \\ -2/7 \\ -1 \end{pmatrix} + k \begin{pmatrix} -7/5 \\ 4/5 \\ 1 \\ 0 \end{pmatrix}$$

其中 k 为任意常数。

8.2.2 矩阵分解法求解线性方程组

1. 基本原理

矩阵分解法求解线性方程组是指:首先根据某种算法将方程组的系数矩阵分解为两个矩阵的乘积,然后将线性方程组转化为两个线性方程组进行求解。例如,若将线性方程组 $Ax = b$ 的系数矩阵 A 分解为 $A = BC$,则方程组可转化为 $By = b$ 与 $Cx = y$。若选取的矩阵分解法恰当,可使得求解线性方程组的运算速度更快,也更加节省存储空间。

在实际应用中,当线性方程组的系数矩阵 A 的阶数较大且元素较为稀疏时,可考虑利用矩阵分解法求解线性方程组。常见的矩阵分解法有 LU 分解、QR 分解、Cholesky 分解、Schur 分解、Hessenberg 分解、奇异值分解等等。下面仅介绍利用矩阵的 LU 分解求解线性方程组。

由代数学知识可知,当方阵 A 为非奇异矩阵时,A 总可以分解为一个下三角阵 L 与一个上三角阵 U 的乘积,即 $A = LU$,矩阵的这种分解方法称为 LU 分解。

对矩阵 A 进行 LU 分解后,线性方程组 $Ax = b$ 转化为 $Ly = b$ 与 $Ux = y$,其解可用 $x = U\backslash(L\backslash b)$ 求得,这样可以大大提高运算速度。

2. MATLAB 实现

MATLAB 提供的用于矩阵进行 LU 分解的函数是 lu,其调用格式为

[L,U]=lu(A):将方阵 **A** 分解为一个变换形式(行交换)的下三角阵 **L** 与一个上三角阵 **U** 的乘积,即 **A = LU**。

为方便读者使用,根据利用 LU 分解求解线性方程组的基本原理以及 MATLAB 提供的 lu 函数,可编制一个相应的函数文件 lu_solution.m。

```
% LU 分解求解线性方程组的函数文件
function x = lu_solution(A,b)
% A 为系数矩阵(必须为方阵)
% b 为常数向量(列向量)
[m,n] = size(A);
x = [];
if m ~ = n
    disp('系数矩阵不是方阵,无法利用矩阵的 LU 分解求解')
else
    if rank(A)~ = n
        disp('系数矩阵为奇异阵,无法利用矩阵的 LU 分解求解')
    else
        disp('可以利用矩阵的 LU 分解求解,解为 x')
        [L,U] = lu(A);
        x = U\(L\b);
    end
end
```

说明:除了 lu 函数,MATLAB 还提供了其他矩阵分解函数,包括用于矩阵 QR 分解的 qr 函数、用于矩阵 Cholesky 分解的 chol 函数等,读者可通过在命令窗口中输入"help 函数名"查看这些函数的使用。

例 8 - 6　利用矩阵的 LU 分解求解线性方程组

$$\begin{cases} 2x_1 + x_2 - 5x_3 + x_4 = 13 \\ x_1 - 5x_2 + 7x_4 = -9 \\ 2x_2 + x_3 - x_4 = 6 \\ x_1 + 6x_2 - x_3 - 4x_4 = 0 \end{cases}$$

在命令窗口输入如下命令:

```
A = [2,1, - 5,1;1, - 5,0,7;0,2,1, - 1;1,6, - 1, - 4];
b = [13, - 9,6,0]';
x = lu_solution(A,b)
```

执行命令后,返回结果:

可以利用矩阵的 LU 分解求解,解为 x。

```
x =
   - 66.5556
    25.6667
   - 18.7778
    26.5556
```

8.2.3　迭代法求解线性方程组

1. 基本原理

当线性方程组 $Ax=b$ 的系数矩阵为大型稀疏矩阵时,往往很难求得线性方程组的精确解,此时利用迭代法求线性方程组的数值解(近似解)非常合适。在数值计算中,求解线性方程组的迭代解法主要有 Jacobi 迭代法、Gauss-Seidel 迭代法、超松弛迭代法、两步迭代法等等。下面仅介绍利用 Jacobi 迭代法求解线性方程组。

对于线性方程组 $Ax=b$,设

$$A = \begin{pmatrix} a_{11} & a_{12} & \cdots & a_{1n} \\ a_{21} & a_{22} & \cdots & a_{2n} \\ \vdots & \vdots & & \vdots \\ a_{n1} & a_{n2} & \cdots & a_{nn} \end{pmatrix}$$

如果方阵 A 为非奇异,且 $a_{ii} \neq 0 (i=1,2,\cdots,n)$,则可将 A 分解为

$$A = D - L - U$$

其中 D 为 A 对应的对角矩阵,L 与 U 分别为 A 对应的下三角阵和上三角阵,即

$$D = \begin{pmatrix} a_{11} & & & \\ & a_{22} & & \\ & & \ddots & \\ & & & a_{nn} \end{pmatrix}, L = -\begin{pmatrix} 0 & & \cdots & \\ a_{21} & 0 & \cdots & \\ \vdots & \ddots & \ddots & \\ a_{n1} & \cdots & a_{n,n-1} & 0 \end{pmatrix}, U = -\begin{pmatrix} 0 & a_{12} & \cdots & a_{1n} \\ & 0 & \ddots & \vdots \\ & & \ddots & a_{n-1,n} \\ & & & 0 \end{pmatrix},$$

于是 $Ax=b$ 化为

$$x = D^{-1}(L+U)x + D^{-1}b$$

从而可得 Jacobi 迭代公式

$$x^{(k+1)} = D^{-1}(L+U)x^{(k)} + D^{-1}b$$

如果向量序列 $\{x^{(k)}\}$ 满足 $\lim\limits_{k \to \infty} x^{(k+1)} = x$,则向量 x 必为线性方程组 $Ax=b$ 的解,此时称 Jacobi 迭代法收敛,否则称为发散。

如果利用发散的 Jacobi 迭代法求解线性方程组,将无法得到线性方程组的数值解(近

似解），故在利用 Jacobi 迭代法求解线性方程组前，需首先判断 Jacobi 迭代法是否收敛。根据数值计算的知识，Jacobi 迭代法收敛的充分必要条件是迭代矩阵 $J = D^{-1}(L+U)$ 的谱半径小于 1，即 $\rho(J) < 1$。所谓矩阵的谱半径是指矩阵特征值绝对值（复数取模）中最大的值。

利用收敛的 Jacobi 迭代法求解线性方程组时，需事先给定迭代初始向量 $x^{(0)}$ 和迭代精度 ε，并利用 $\| x^{(k+1)} - x^{(k)} \| \leqslant \varepsilon$ 作为迭代终止条件，将最终迭代结果 $x^{(k+1)}$ 作为线性方程组的数值解（近似解）。

2. MATLAB 实现

为方便读者使用，根据利用 Jacobi 迭代法求解线性方程组的基本原理，可编制一个相应的函数文件 jacobi_solution.m。

```
function [x, k] = jacobi_solution(A, b, x0, e)
%A 为系数矩阵(必须为方阵)
%b 为常数向量(列向量)
%x0 为迭代初始向量(列向量)
%e 为迭代精度
%k 为迭代次数
%x 为最终的迭代结果
[m, n] = size(A);
x = [];
k = [];
if m ~= n
    disp('系数矩阵不是方阵,无法利用 Jacobi 迭代法求解')
else
    if rank(A) ~= n
        disp('系数矩阵为奇异阵,无法利用 Jacobi 迭代法求解')
    else
        if norm(diag(A)) == 0
            disp('系数矩阵为非奇异阵但对角线元素全为 0,无法利用 Jacobi 迭代法求解')
        else
            D = diag(diag(A));    %求 A 的对角矩阵
            L = - tril(A, -1);    %求 A 的下三角阵
            U = - triu(A, 1);     %求 A 的上三角阵
            J = D\(L + U);
            if max(abs(eig(J))) >= 1
                disp('Jacobi 迭代法发散,无法利用 Jacobi 迭代法求解')
            else
                disp('Jacobi 迭代法收敛,可以利用 Jacobi 迭代法求解')
                disp('解为 x,迭代次数为 k')
                f = D\b;
```

```
            x = J * x0 + f;
            k = 1;
            while norm(x - x0) >= e
                x0 = x;
                x = J * x0 + f;
                k = k + 1;
            end
        end
    end
end
end
```

> **说明:** 除了 Jacobi 迭代法,Gauss-Seidel 迭代法也是一种常用的线性方程组数值求解方法。在 Jacobi 迭代法发散的情况下,可尝试使用 Gauss-Seidel 迭代法进行求解。若 Jacobi 迭代法与 Gauss-Seidel 迭代法都收敛,则 Gauss-Seidel 迭代法的收敛速度要快于 Jacobi 迭代法。与函数文件 jacobi_solution.m 类似,读者也可根据 Gauss-Seidel 迭代法的基本原理建立相应的函数文件。

例 8 - 7 利用 Jacobi 迭代法求解线性方程组

$$
\begin{cases}
2x_1 + x_2 - 5x_3 + x_4 = 13 \\
x_1 - 5x_2 + 7x_4 = -9 \\
2x_2 + x_3 - x_4 = 6 \\
x_1 + 6x_2 - x_3 - 4x_4 = 0
\end{cases}
$$

其中,迭代初始向量为 $\boldsymbol{x}_0 = (0,0,0,0)^T$,迭代精度取为 $\varepsilon = 10^{-4}$。

在命令窗口输入如下命令:

```
A = [2,1, -5,1;1, -5,0,7;0,2,1, -1;1,6, -1, -4];
b = [13, -9,6,0]';
x0 = [0,0,0,0]';
e = 1.0e - 4;
[x,k] = jacobi_solution(A,b,x0,e)
```

执行命令后,返回结果:

```
Jacobi 迭代法发散,无法利用 Jacobi 迭代法求解
x =
    []
k =
    []
```

例 8 - 8 利用 Jacobi 迭代法求解线性方程组

$$\begin{cases} 10x_1 - x_2 = 9 \\ -x_1 + 10x_2 - 2x_3 = 7 \\ -2x_2 + 10x_3 = 6 \end{cases}$$

其中,迭代初始向量为 $\boldsymbol{x}_0 = (0,0,0)^{\mathrm{T}}$,迭代精度取为 $\varepsilon = 10^{-6}$。

在命令窗口输入如下命令:

```
A = [10 - 1 0; -1 10 -2;0 - 2 10];
b = [9;7;6];
x0 = [0;0;0];
e = 1.0e - 6;
[x,k] = jacobi_solution(A,b,x0,e)
```

执行命令后,返回结果:

```
Jacobi 迭代法收敛,可以利用 Jacobi 迭代法求解
解为 x,迭代次数为 k
x =
    0.9958
    0.9579
    0.7916
k =
    11
```

8.3　数据插值与曲线拟合

8.3.1　数据插值

1. 基本原理

数据插值是函数逼近的一种重要方法,它是在离散数据的基础上通过补插得到连续函数,使得这条连续曲线通过所有给定的离散数据点。根据被插值函数的自变量个数,数据插值又分为一维数据插值、二维数据插值和多维数据插值等。下面仅介绍一维数据插值。

当函数 $y = f(x)$ 非常复杂或未知时,在一系列节点 $x_i(i=1,2,\cdots,n)$ 处获得函数值 $y_i = f(x_i)(i=1,2,\cdots,n)$,由此构造一个简单易算的近似函数 $g(x)$ 来近似表示函数 $f(x)$,并要求近似函数 $g(x)$ 严格通过所有数据点 $(x_i,y_i)(i=1,2,\cdots,n)$,即满足 $g(x_i) = f(x_i)(i=1,2,\cdots,n)$,这里将 $g(x)$ 称为 $f(x)$ 的插值函数,将这个问题称为一维数据插值。显然,利用一维数据插值可通过复杂或未知函数 $f(x)$ 在有限个点处的取值估算出其他任意点处的近似值。

2. MATLAB 实现

在 MATLAB 中,实现一维数据插值的函数是 interp1,其调用格式为

Y1＝interp1(X,Y,X1,'method'):根据复杂或未知函数的采样数据点(**X**,**Y**),利用插值方法计算该函数在 **X**₁ 处的近似值 **Y**₁。其中,**X**,**Y** 是两个等长的已知向量,为采样数据点的横坐标和纵坐标;**X**₁ 是一个标量或向量,为待插值点的横坐标;**Y**₁ 是 **X**₁ 的插值结果;method 用于指定插值方法,常用的插值方法有 linear(线性插值)、nearest(最邻近点插值)、cubic(三次插值)、spline(三次样条插值)。

> **说明:**在使用 interp1 时要注意向量 **X** 的数据(即采样点的横坐标)为单调,待插值点的横坐标 X_1 的取值一般不要超过向量 **X** 的数据范围。

例8-9 利用不同插值法求函数 $f(x)=\sin x(0 \leqslant x \leqslant 2\pi)$ 在 $x=\pi/6$ 的近似值。

在命令窗口输入如下命令:

```
x = 0:pi /4:2 * pi;
y = sin(x);
x1 = pi /6;
y1_1 = interp1(x,y,x1,'linear');
y1_2 = interp1(x,y,x1,'nearest');
y1_3 = interp1(x,y,x1,'cubic');
y1_4 = interp1(x,y,x1,'spline');
[y1_1 y1_2 y1_3 y1_4]
```

执行命令后,返回结果:

```
ans =
    0.4714    0.7071    0.5301    0.5052
```

由于 $\sin\pi/6=0.5$,故三次样条插值方法的计算精度较高。进一步地,若想绘制出原函数曲线与线性插值曲线,可继续在命令窗口输入如下命令:

```
x2 = linspace(0,2 * pi,100);
y2 = sin(x2);
y3 = interp1(x,y,x2,'linear');
plot(x2,y2,':')
hold on
plot(x2,y3)
plot(x,y,'*')
```

执行命令后,返回结果如图 8-2 所示。

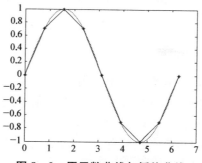

图 8 - 2　原函数曲线与插值曲线

例 8 - 10　已经测得在某处海洋不同深处的水温如表 8 - 1 所示。

表 8 - 1　某处海洋不同深处的水温

深度(x)	466	700	940	1 410	1 612
水温(y)	7.01	4.20	3.36	2.51	2.08

要求根据测得的数据,合理地估计出 500 米、600 米、1 000 米水深的温度,并绘制出 466 米~1 612 米水深的近似温度曲线。

在命令窗口输入如下命令:

```
x = [466 700 940 1410 1612];
y = [7.01 4.2 3.36 2.51 2.08];
x1 = [500 600 1000];
y1 = interp1(x, y, x1, 'spline')
x2 = 466:1612;
y2 = interp1(x, y, x2, 'spline');
plot(x2, y2, x, y, 'o')
grid on
```

执行命令后,返回结果:

```
y1 =
    6.4077    5.0507    3.2468
```

绘制的 466 米~1 612 米水深的近似温度曲线如图 8 - 3 所示。

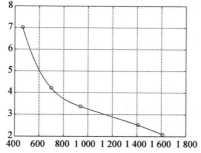

图 8 - 3　近似温度曲线

8.3.2 曲线拟合

1. 基本原理

与一维数据插值类似,曲线拟合也是利用复杂或未知函数的有限个采样数据点构造一个简单函数去逼近这个复杂或未知函数。与数据插值不同的是曲线拟合不强求逼近函数通过所有采样数据点,而是希望逼近函数在某种准则下尽可能地靠近这些数据点。在实际应用中,常用的逼近准则是最小二乘准则,而逼近函数的类型常取为多项式,故下面仅介绍最小二乘多项式曲线拟合。

设通过某函数 $y = f(x)$ 获得了数据点 $(x_i, y_i)(i = 1, 2, \cdots, n)$,欲构造一个函数 $g(x)$ 去逼近 $f(x)$。所谓最小二乘原理,是指逼近函数 $g(x)$ 在节点 x_i 处的偏差 $\delta_i = g(x_i) - y_i$ 的平方和 $\sum_{i=1}^{n} [g(x_i) - y_i]^2$ 达到最小。若逼近函数取为 $m(m \leqslant n)$ 次多项式

$$p(x) = a_m x^m + a_{m-1} x^{m-1} + \cdots + a_1 x + a_0$$

则由

$$\min F(a_m, a_{m-1}, \cdots, a_1, a_0) = \sum_{i=1}^{n} [p(x_i) - y_i]^2$$

求得 $a_i(i = 0, 1, \cdots, m)$ 后获得的多项式曲线称为最小二乘多项式拟合曲线。在数值计算中已证明,上述最小二乘多项式拟合曲线总是存在的。

2. MATLAB 实现

在 MATLAB 中,实现最小二乘多项式拟合曲线的函数是 polyfit,其调用格式为

P=polyfit(X,Y,m):根据复杂或未知函数的采样数据点(X,Y)构造拟合多项式。其中,X,Y 是两个等长的已知向量,为采样数据点的横坐标和纵坐标;m 为拟合多项式的次数;P 为拟合多项式系数(按降幂排列)构成的向量。

> **说明:** 在使用 polyfit 函数时,一般会配合使用 polyval 函数计算拟合多项式的值,其调用格式为
>   y=polyval(P,x):求以向量 P 为系数的多项式在 x 处的值,结果赋值给变量 y。其中,x 为一个标量或向量。

例 8-11 利用三次拟合多项式逼近函数 $y = \sin x (0 \leqslant x \leqslant 2\pi)$。
在命令窗口输入如下命令:

```
x = 0:pi /4:2 * pi;
y = sin(x);
p = polyfit(x, y, 3)
```

执行命令后,返回结果:

```
p =
    0.0845    -0.7963    1.6817    -0.0439
```

由此可知,三次拟合多项式为

$$p(x)=0.0845x^3-0.7963x^2+1.6817x-0.0439$$

进一步地,若想绘制出三次拟合多项式曲线与原函数曲线进行比较,可继续在命令窗口输入如下命令:

```
x1 = linspace(0,2 * pi,100);
y1 = sin(x1);
y2 = polyval(p,x1);
plot(x1,y1,':',x1,y2,x,y,'o')
```

执行命令后,返回结果如图 8 - 4 所示。

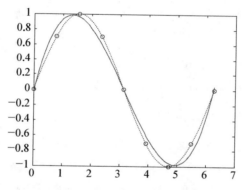

图 8 - 4　原函数曲线与拟合曲线

例 8 - 12　某国家 1950—2000 年人口的近似值(单位:亿)如表 8 - 2 所示。

表 8 - 2　某国家 1950—2020 年人口的近似值

时间(t)	1950	1960	1970	1980	1990	2000
人口(y)	5.52	6.62	8.29	9.87	11.43	12.67

试利用一次拟合多项式预测该国 2001 年的人口数,同时绘制出拟合多项式曲线并标记采样数据点。

在命令窗口输入如下命令:

```
t = 1950:10:2000;
y = [5.52 6.62 8.29 9.87 11.43 12.67];
p = polyfit(t,y,1);
Y = polyval(p,2001)
t1 = 1950:2000;
y1 = polyval(p,t1);
plot(t1,y1,t,y,' * ')
```

执行命令后,返回结果:

```
Y =
    12.9117
```

绘制的拟合多项式曲线以及标记采样数据点如图 8-5 所示。

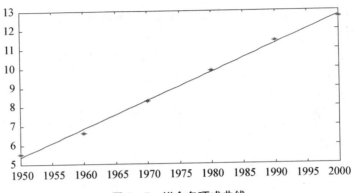

图 8-5 拟合多项式曲线

因此,该国 2001 年人口数的预测值为 12.911 7 亿。由图 8-5 可知,一次多项式的拟合效果较好,故所得的预测值是合理的。

8.3.3 超定方程组的最小二乘解

若线性方程组中方程的个数多于自变量的个数,则将这样的线性方程组称为超定方程组。超定方程组无精确解,但可利用最小二乘原理求其数值解(近似解)。

设超定方程组为 $R_{m \times n} x_{n \times 1} = y_{m \times 1} (m > n)$,由数值计算的理论,该超定方程组的最小二乘解可表示为

$$x = (R^T R)^{-1} (R^T y)$$

在 MATLAB 中,只需利用 MATLAB 命令 x=(R'*R)\(R'*y)即可求得超定线性方程组的最小二乘解。

例 8-13 给定超定方程组

$$\begin{cases} 4x_1 + 2x_2 = 2 \\ 3x_1 - x_2 = 10 \\ 11x_1 + 3x_2 = 8 \end{cases}$$

求其最小二乘解。

在命令窗口输入如下命令:

```
R = [4 2;3 -1;11 3];
y = [2;10;8];
x = (R'*R)\(R'*y)
```

执行命令后,返回结果:

```
x =
    1.8000
  - 3.6000
```

8.4 数值导数与积分

8.4.1 数值导数

1. 基本原理

在实际工程问题中,有时很难求出某个函数的导函数表达式或者并不关心如何计算某个函数的导函数表达式,而是关心怎样计算导函数在一列离散点处的近似值,这些近似导数值就称为函数的数值导数。在数值计算中,计算函数 $f(x)$ 的数值导数主要有两种方式:

（1）首先建立逼近多项式 $p(x) \approx f(x)$,然后取 $p'(x) \approx f'(x)$,从而计算 $f(x)$ 在任意点的数值导数。

（2）将函数 $f(x)$ 在某点 x 处的差商作为其一阶数值导数,其中向前差商是一种常用的方法,公式为

$$f'(x) \approx \frac{\Delta f(x)}{h} = \frac{f(x+h) - f(x)}{h}$$

其中,常数 h 为步长,$\Delta f(x)$ 称为向前差分。

2. MATLAB 实现

MATLAB 没有直接用于求数值导数的函数,只提供了计算向前差分的函数 diff,下面为其调用格式。

dX=diff(X):计算向量 X 的向前差分,结果赋值给向量 dX,即 d$X(i) = X(i+1) - X(i)$。

dX=diff(X,n):计算向量 X 的 n 阶向前差分,结果赋值给向量 dX。例如,diff(X,2)=diff(diff(X))。

B=diff(A,n,dim):计算矩阵 A 的 n 阶差分,结果赋值给矩阵 B。dim 取 1 或 2,dim=1 时(缺省状态),计算矩阵 A 每列元素的向前差分;dim=2 时,计算矩阵 A 每行元素的向前差分。

> **说明:**
>
> （1）若要计算函数 $f(x)$ 在离散点 $X = (x_1, x_2, \cdots, x_n)$ 的一阶数值导数,第一种方式可首先利用插值或拟合方法构造多项式 $p(x) \approx f(x)$,然后取 $p'(x_i) \approx f'(x_i)$;第二种方式是直接利用 MATLAB 命令 diff(X)/h 即可计算各点处一阶数

值导数,但这里要求离散点为等距(步长取为 h)。

(2)若要计算函数 $f(x)$ 在离散点 $\boldsymbol{X}=(x_1,x_2,\cdots,x_n)$ 的高阶数值导数,则需首先利用插值或拟合方法构造多项式 $p(x) \approx f(x)$,然后取 $p(x)$ 在各点处的各阶导数值作为高阶数值导数。

例 8 - 14 设 $f(x)=\sin x$,求 $f(x)$ 在 $x_i=\dfrac{\pi}{3}i(i=0,1,\cdots,6)$ 处的一阶数值导数值,并与其精确导数值进行比较。

在命令窗口输入如下命令:

```
h = pi /3;
X = 0:h:2 * pi;
Y = sin([X 2 * pi + h]);
Z1 = diff(Y) /h
```

执行命令后,返回结果:

```
Z1 =
    0.8270    0.0000   - 0.8270   - 0.8270    0.0000    0.8270    0.8270
```

各点处的精确导数值可由如下命令进行计算:

```
Z2 = cos(X);
```

执行命令后,返回结果:

```
Z2 =
    1.0000    0.5000   - 0.5000   - 1.0000   - 0.5000    0.5000    1.0000
```

说明:

(1)在本例程序的第 3 行命令中,将向量 $\boldsymbol{X}$ 的元素向前扩充了一个步长,其目的是为了计算 2π 处的向前差商值。

(2)由本例结果可知,利用向前差商作为一阶数值导数存在较大误差,其原因是等距离散数据点的步长取值相对较大。在实际应用中,若想利用向前差商获得精度较高的一阶数值导数,则需将等距离散数据点的步长取得相对较小。

例 8 - 15 设

$$f(x)=\frac{x^2+2x+3}{\sqrt{x^3+1}}+\frac{1}{\sqrt[3]{3x^2+2x+1}}$$

分别利用多项式拟合方法、向前差商方法计算 $f(x)$ 在 $x_i=0.05i(i=0,1,\cdots,20)$ 处的一阶数值导数值,并绘制两种不同方法获得的导函数近似曲线,与精确导函数曲线进行比较。

在命令窗口输入如下命令：

```
f = inline('(x.^2 + 2 * x + 3). /sqrt(x.^3 + 1) + 1./(3 * x.^2 + 2 * x + 1).^(1/3)');
g = inline('(2 * x + 2)./(x.^3 + 1).^(1/2) − (6 * x + 2)./(3 * (3 * x.^2 + 2 * x + 1).^(4/3)) −
(3 * x.^2.*(x.^2 + 2 * x + 3)). /(2 * (x.^3 + 1).^(3/2))');   % 精确导函数
x = 0:0.05:1;
p = polyfit(x, f(x), 5);
dp = polyder(p);
g_1 = polyval(dp, x);
g_2 = diff(f([x 1.05])) /0.05;
g_3 = g(x);
plot(x, g_1, x, g_2, 'r', x, g_3, 'g:')
legend('拟合方法', '向前差商方法', '精确导函数')
```

执行命令后，返回结果如图 8-6 所示。

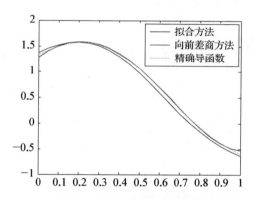

图 8-6　不同方法求数值导数（彩图见本书插页）

结果表明，利用五次多项式拟合方法计算的数值导数值具有相对较高的精度，且非常接近于精确导数值。

> **说明：** 本例程序中 inline 函数的功能是定义一个内联函数，其本质与建立函数文件无区别，只不过它可以直接内嵌在命令行中运行；命令 dp＝polyder(p)的主要功能是求多项式函数的导数，其中 **p** 为多项式的系数向量，d**p** 是其导数（仍为多项式）的系数向量。

8.4.2　数值积分

1. 基本原理

与数值导数类似，在实际工程问题中有时很难或无法获得函数 $f(x)$ 的原函数，从而不能通过牛顿-莱布尼兹公式计算 $\int_a^b f(x)\mathrm{d}x$。此时，可首先建立逼近多项式 $p(x) \approx$

$f(x)$，然后取 $\int_a^b p(x)\mathrm{d}x \approx \int_a^b f(x)\mathrm{d}x$ 可得定积分的近似值，由此得到的公式称为数值积分公式。在数值计算中，常用的数值积分公式有梯形公式、Simpson 公式、Guass-Lobatto 公式、Newton-Cotes 公式等。

2. MATLAB 实现

(1) 被积函数是一个解析式

对于被积函数是一个解析式的情形，MATLAB 提供的求数值积分的函数是 quad 和 quadl，下面为它们的调用格式。

[I,n]＝quad('fun',a,b,tol,trace)：利用自适应 Simpson 公式计算数值积分。

[I,n]＝quadl('fun',a,b,tol,trace)：利用自适应 Guass-Lobatto 公式计算数值积分。

在上述调用格式中，fun 是定义被积函数的函数文件名；a 和 b 分别是定积分的下限和上限，积分限 $[a,b]$ 必须是有限的；tol 用来控制积分精度，缺省时取 tol＝10^{-6}；trace 控制是否展现积分过程，若取非 0 则展现积分过程，取 0 则不展现，缺省时取 trace＝0；返回变量 I 为数值积分值，n 为被积函数的调用次数。

例 8‐16　利用数值积分法求 $\int_0^1 \dfrac{1}{1+x^2}\mathrm{d}x$ 的近似值。

先建立并保存函数文件 fun3.m：

```
function f = fun3(x)
f = 1. /(1 + x.^2);
```

然后在命令窗口输入如下命令：

```
format long
[I1,n1] = quad('fun3',0,1)
```

或

```
[I2,n2] = quadl('fun3',0,1)
```

执行命令后，返回结果：

```
I1 =
  0.785398149243260
n1 =
   17
```

或

```
I2 =
  0.785398176758048
n2 =
   18
```

不难得到：

$$\int_0^1 \frac{1}{1+x^2}\mathrm{d}x = \arctan x \Big|_0^1 = 0.785\ 398\ 163\ 397\ 448$$

因此,利用 quadl 函数计算数值积分的精确要高于 quad 函数,且 quadl 函数调用被积函数的次数也少于 quad 函数。

> **说明:**由于本例中的被积函数 $f(x)$ 表达式较为简单,也可不用建立并保存函数文件 fun3.m,而在调用 quad 或 quadl 函数时直接将函数 $f(x)$ 的表达式用单撇号(' ')引起来即可。但无论是用哪种方式表示函数,函数表达式中的乘法、除法、乘方等运算一般要用点乘、点除、点乘方等点运算。因此,也可直接在命令窗口输入如下程序:
>
> ```
> I1 = quad(' 1. /(1 + x.^2)',0,1)
> ```
>
> 或
>
> ```
> I2 = quadl(' 1. /(1 + x.^2)',0,1)
> ```

例8-17 利用数值积分法求 $\int_0^1 \mathrm{e}^{-x^2}\mathrm{d}x$ 的近似值。

在命令窗口输入如下命令:

```
I = quadl('exp( - x.^2)',0,1)
```

执行命令后,返回结果:

```
I =
    0.7468
```

(2)被积函数由一个表格定义

在实际工程问题中,函数关系有时是未知的,只能通过实验或测量得到一组样本点和样本值,此时就无法使用 quad 函数或 quadl 函数计算数值积分值。对于由表格形式定义的函数,MATLAB 提供的求数值积分的函数是 trapz,其调用格式为

I=trapz(X,Y):利用梯形公式计算数值积分,结果赋值给变量 I。 其中,向量 $\boldsymbol{X} = (x_1, x_2, \cdots, x_n)$ 与向量 $\boldsymbol{Y} = (y_1, y_2, \cdots, y_n)$ 取自于未知函数 $\boldsymbol{Y} = f(\boldsymbol{X})$,且满足 $x_1 < x_2 < \cdots < x_n$,积分区间为 $[x_1, x_n]$。

例8-18 利用梯形公式求 $\int_0^1 \mathrm{e}^{-x^2}\mathrm{d}x$ 的近似值。

在命令窗口输入如下命令:

```
x = 0:0.001:1;
y = exp( - x.^2);
format long
I = trapz(x,y)
I =
    0.746824071499185
```

8.5 常微分方程初值问题的数值求解

8.5.1 基本原理

由常微分方程理论可知,只有一些典型的常微分方程初值问题才能求出它们解的解析式。在实际工程问题中,遇到的常微分方程初值问题往往较为复杂,很难获得解的解析式,一般只要求获得解在若干点上的近似值,这些近似值称为常微分方程初值问题的数值解。

根据方程中最高阶导数的阶数,常微分方程可分为一阶常微分方程和高阶常微分方程两类。下面考虑一阶常微分方程初值问题

$$\begin{cases} \dfrac{\mathrm{d}y}{\mathrm{d}x} = f(x,y) & x_0 \leqslant x \leqslant x_n \\ y(x_0) = y_0 \end{cases}$$

在数值计算中,一般利用递推公式计算一阶常微分方程初值问题的数值解,且采用等距节点 $x_i = x_0 + ih$, $i = 0,1,\cdots,n$,其中常数 h 为步长。求解一阶常微分方程初值问题数值解的常用方法有 Euler 法、改进 Euler 法、Runge-Kutta 法、线性多步法等。

8.5.2 MATLAB 实现

基于 Runge-Kutta 法,MATLAB 提供的求一阶常微分方程初值问题数值解的函数为 ode23 与 ode45,下面为它们的调用格式。

[x,y]=ode23('fun',xspan,y0):采用 2 阶或 3 阶 Runge-Kutta 法求一阶常微分方程初值问题的数值解。

[x,y]=ode45('fun',xspan,y0):采用 4 阶或 5 阶 Runge-Kutta 法求一阶常微分方程初值问题的数值解。

在上述调用格式中,fun 是定义 $f(x,y)$ 的函数文件名;x_{span} 的形式是 $[x_0,x_n]$,表示求解区间;y_0 表示初始列向量;x 和 y 分别返回节点向量和相应的数值解。

> **说明:**
>
> (1) ode23 函数是在采用 2 阶 Runge-Kutta 法计算数值解时利用 3 阶公式作误差估计来调节步长,具有低精度;ode45 函数是在采用 4 阶 Runge-Kutta 法计算数值解时利用 5 阶公式作误差估计来调节步长,具有中精度。
>
> (2) ode23 函数与 ode45 函数仅适用于一阶常微分方程初值问题的数值求解,对于高阶常微分方程的初值问题,需先将它转化为一阶常微分方程初值问题,然后再调用 ode23 函数或 ode45 函数求解。读者也可利用求解常微分方程初值问题数值解的不同方法自己编程进行求解。

（3）除了 ode23 函数与 ode45 函数，MATLAB 还提供了一些求解一阶常微分方程初值问题数值解的其他函数，包括基于 Adams 法的 ode113 函数、基于梯形法的 ode23t 函数与 ode23tb 函数、基于 Gear's 反向数值微分法的 ode15s 函数、基于 2 阶 Rosebrock 法的 ode23s 函数等，读者可通过在命令窗口中输入"help 函数名"查看这些函数的使用。

例 8 - 19 设有初值问题

$$\begin{cases} \dfrac{dy}{dx} = \dfrac{y^2 - x - 2}{4(x+1)} & 0 \leqslant x \leqslant 10 \\ y(0) = 2 \end{cases}$$

绘制出其数值解对应的曲线，并与精确解 $y = \sqrt{x+1} + 1$ 对应的曲线进行比较。

先建立并保存函数文件 fun4.m：

```
function dy = fun4(x, y)
dy = (y2 - x - 2) /(4 * (x + 1));
```

然后在命令窗口输入如下命令：

```
[x, y] = ode23('fun4', [0, 10], 2);
y1 = sqrt(x + 1) + 1;
plot(x, y, 'r', x, y1, ':')
```

执行命令后，返回结果如图 8 - 7 所示。

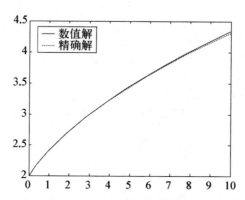

图 8 - 7 一阶常微分方程初值问题数值解与精确解的比较（彩图见本书插页）

由结果可知，本例调用 ode34 计算所得的数值解与精确解非常接近，效果较好。

例 8 - 20 设有初值问题

$$\begin{cases} \dfrac{d^2 y}{dx^2} + 2y = 0 & 0 \leqslant x \leqslant 10 \\ y(0) = 0 & y'(0) = 1 \end{cases}$$

求取数值解。

【分析】这是一个二阶常微分方程初值问题,在调用 ode23 函数或 ode45 函数求解时,需先将其转化为一阶常微分方程初值问题。为此,令 $y_1 = y'$,$y_2 = y$,则得到一阶常微分方程初值问题

$$\begin{cases} \dfrac{\mathrm{d}y_1}{\mathrm{d}x} = -2y_2 \\[2mm] \dfrac{\mathrm{d}y_2}{\mathrm{d}x} = y_1 \\[2mm] y_1(0) = 1 \\[1mm] y_2(0) = 0 \end{cases}$$

【编程】先建立并保存函数文件 fun5.m:

```
function dy = fun5(x,y)
dy = [-2*y(2);y(1)];
```

然后在命令窗口输入如下命令:

```
[x,y] = ode45('fun5',[0,10],[1,0]);
[x,y]
```

执行命令后,返回结果:

```
ans =
        0    1.0000         0
   0.0001    1.0000    0.0001
   0.0001    1.0000    0.0001
   0.0002    1.0000    0.0002
   0.0002    1.0000    0.0002
     ...       ...       ...
   9.8332    0.2274    0.6883
   9.9166    0.1113    0.7024
  10.0000   -0.0064    0.7068
```

返回结果(只列出部分结果)的第一列为 x 的采样点,第二列与第三列分别为 $y'(x)$ 与 $y(x)$ 在采样点处的数值解。

本章小结

本章主要介绍了 MATLAB 非线性方程求解、MATLAB 线性方程组求解、MATLAB 数据插值与曲线拟合、MATLAB 数值导数与积分、MATLAB 常微分方程初值问题的数值求解等。为便于读者使用,下面将本章中的主要 MATLAB 函数及其功能进行汇总。

函 数	功 能	函 数	功 能
roots	求多项式方程的根	fzero	求一元非线性方程的解
fsolve	求非线性方程组的解	null	求线性方程组的基础解系
lu	求矩阵的 LU 分解	interp1	一维数据插值
polyfit	最小二乘多项式曲线拟合	polyval	求多项式的值
diff	计算数据的向前差分	inline	定义内联函数
polyder	求多项式的导数	quad/quadl	计算被积函数是解析式的数值积分
trapz	计算被积函数由表格定义的数值积分	ode23/ode45	求一阶常微分方程初值问题的数值解

习题 8

一、单选题

1. 下列函数中,可用于计算数值积分的是( )。

    A. int   B. diff   C. quadl   D. polyint

2. 下列函数中,可用于计算一元非线性方程数值解的函数是( )。

    A. fminsearch   B. fminunc   C. fzero   D. solve

3. 在 MATLAB 命令窗口中输入如下命令:

```
p=[1 0 -1];
x=roots(p)
```

则 $x(2)$ 的值为( )。

    A. -1 B. 0   C. 1   D. 2

4. 在 MATLAB 命令窗口中输入如下命令:

```
p=[1 0 -1];
y=polyval(p,1)
```

则 y 的值为( )。

    A. -1 B. 0   C. 1   D. 2

5. 命令 diff([5,10])的结果为( )。

    A. 5   B. 10   C. 15   D. 20

二、填空题

1. 在 MATLAB 中,命令 p=[1 2 0 1]所代表的多项式是_____。

2. 在 MATLAB 数值计算中,diff 函数的主要功能是_____。

3. MATLAB 给出的用于一维数据插值的函数是＿＿＿＿＿＿＿＿＿＿＿，用于最小二乘多项式曲线拟合的函数是＿＿＿＿＿＿＿＿＿。

4. 当被积函数是由一个表格定义时，MATLAB 给出的计算数值积分的函数是＿＿＿＿＿＿＿＿＿＿＿。

5. MATLAB 给出的 ode23 函数与 ode45 函数仅适用于＿＿＿＿＿阶常微分方程初值问题的数值求解。

三、应用题

1. 已知 $p(x) = x^4 - 3x^2 + 1$。

    (1) 求方程 $p(x) = 0$ 的全部根。

    (2) 计算 $x_i = 2i(i = 0, 1, \cdots, 10)$ 各点处 $p(x_i)$ 的值。

2. 求解下列线性方程组

$$\begin{cases} x_1 - 3x_2 + 5x_3 = 8 \\ 2x_1 + 5x_2 + 2x_3 = 10 \\ x_1 + 2x_2 - x_3 = 5 \end{cases}$$

3. 已知 $f(x) = x - \sin x / x$。

    (1) 求方程 $f(x) = 0$ 在 $x_0 = 0.5$ 附近的近似解。

    (2) 求 $\int_1^2 f(x)\mathrm{d}x$ 的近似值。

4. 设 $x_i = i\pi/4, y_i = \cos(x_i)(i = 0, 1, \cdots, 8)$，利用三次插值法求 $\cos(\pi/3)$ 的近似值。

5. 设 $x_i = i\pi/4, y_i = \cos x_i(i = 0, 1, \cdots, 8)$，求逼近函数 $y = \cos x$ 的四次拟合多项式。

实验 8

一、实验目的

1. 掌握代数方程数值求解的方法。

2. 掌握数据插值和曲线拟合的方法及其应用。

3. 掌握求数值导数和数值积分的方法。

4. 掌握常微分方程初值问题的数值求解方法。

二、实验内容

1. 设 $f(x) = \sin^2 x \mathrm{e}^{-0.1x} - 0.5x$。

    (1) 求方程 $f(x) = 0$ 在 $x_0 = 1.5$ 附近的近似解。

    (2) 利用向前差商方法计算 $f(x)$ 在 $x_i = 0.1i(i = 0, 1, \cdots, 20)$ 处的一阶数值导数值，并绘制获得的导函数近似曲线与精确导函数曲线进行比较。

    (3) 计算 $\int_0^1 (\sin^2 x \mathrm{e}^{-0.1x} - 0.5x)\mathrm{d}x$ 的近似值。

2. 给定线性方程组

$$\begin{cases} 6x_1 + x_2 + 2x_3 = 2 \\ -6x_1 + 11x_2 - x_3 = 1 \\ 6x_1 + x_2 + 9x_3 = 4 \end{cases}$$

(1) 利用矩阵的 LU 分解求解该方程组。

(2) 利用 Jacobi 迭代法求解该方程组，其中迭代初始向量为 $\boldsymbol{x}_0 = (0,0,0,0)^T$，迭代精度取为 $\varepsilon = 10^{-4}$。

3. 给定线性方程组

$$\begin{cases} x - y = 0 \\ x + y = 0 \\ 2x - 2y = 1 \end{cases}$$

(1) 求该方程组的通解。

(2) 求该方程组的最小二乘解。

4. 给定非线性方程组

$$\begin{cases} x - 0.6\sin x - 0.3\cos y = 0 \\ x - 0.6\cos x + 0.3\sin y = 0 \end{cases}$$

求该方程组在 $(0.5, 0.5)$ 附近的近似解。

5. 假设某次实验测得某函数 $y = f(x)$ 满足如下数据

x_i	0	0.1	0.2	0.3	0.4	0.5	0.6	0.7	0.8	0.9	1.0
y_i	−0.447	1.99	3.28	6.16	7.08	7.34	7.66	9.58	9.48	9.30	11.2

(1) 求 $\int_0^1 f(x)\mathrm{d}x$ 的近似值。

(2) 利用三次样条插值法计算 $f(x)$ 在 $x = 0.45$ 处的近似值。

(3) 求逼近 $f(x)$ 的三次拟合多项式 $P(x)$，并计算 $f(x)$ 在 $x = 0.45$ 处的近似值。

(4) 求方程 $P(x) = 0$ 的所有根。

(5) 在同一坐标系内绘制原始数据点(用红色十字架标记)、三次样条插值曲线(用黑色短虚线)、三次拟合多项式曲线(用绿色实线)。

6. 求下列常微分方程初值问题的数值解。

(1) $\begin{cases} \dfrac{\mathrm{d}y}{\mathrm{d}x} - 2x - \dfrac{2x}{y} = 0, 1 \leqslant x \leqslant 10 \\ y(1) = 0 \end{cases}$

(2) $\begin{cases} x^2 \dfrac{\mathrm{d}^2 y}{\mathrm{d}x^2} + 4x \dfrac{\mathrm{d}y}{\mathrm{d}x} + 2y = 0, 1 \leqslant x \leqslant 10 \\ y(1) = 2 \\ y'(1) = -3 \end{cases}$

第九章

MATLAB 最优化问题求解基础

最优化方法主要包括最值问题和数学规划问题，后者又包括线性规划、二次规划、非线性规划、整数规划、0-1规划、动态规划、多目标规划等。利用 MATLAB 的优化工具箱可以轻松地求解很多最优化问题，从而为优化方法在实际工程中的应用提供了便利。本章将主要介绍 MATLAB 最值问题求解，包括一元函数的最小值与多元函数的最小值求解；MATLAB 数学规划问题求解，包括线性规划问题求解、二次规划问题求解、0-1规划问题求解、非线性规划问题求解。

9.1 最值问题求解

在数学上，最值问题是指求 x 使得目标函数 $f(x)$ 取最小或最大。最值问题的一般描述为

$$\min_x f(x)$$

或

$$\max_x f(x)$$

其中，$x = (x_1, x_2, \cdots, x_n)^T$。

MATLAB 提供了 3 个求最小值问题的函数，下面为它们的调用格式。

$[x, y] = fminbnd('fun', x1, x2, option)$：求一元函数 f 在区间 $[x_1, x_2]$ 上的最小值点 x 和最小值 y。

$[x, y] = fminsearch('fun', x0, option)$：基于单纯形法求多元函数 f 在初始点 x_0 附近的最小值点 x 和最小值 y。

$[x, y] = fminunc('fun', x0, option)$：基于拟牛顿法求多元函数 f 在初始点 x_0 附近的最小值点 x 和最小值 y。

在上述调用格式中，fun 为定义目标函数的函数文件名；option 用于设置优化工具箱的优化参数，一般情况下可将 option 缺省。

说明：

(1) 上述调用格式中的 fun 对应目标函数，若目标函数的表达式较为简单，则可直接将函数的表达式用单撇号(' ')引起来；若函数的表达式较为复杂，则可首先建立相应的函数文件，然后将函数文件名用单撇号(' ')引起来。

(2) 对于多元函数最值问题而言，这里讨论的仅是局部最值问题(全局最值问题要复杂得多)，因此，要指定最小值点的初始点 x_0，fminsearch 函数或 fminunc 求出的只是初始点 x_0 附近的最小值点和最小值。

(3) MATLAB 没有专门提供求最大值问题的函数，但由于 $-f(x)$ 在区间 $[x_1, x_2]$ 上的最小值就是 $f(x)$ 在区间 $[x_1, x_2]$ 的最大值的相反数，所以命令 fminbnd $(-f, x1, x2)$ 可求出函数 $f(x)$ 在区间 $[x_1, x_2]$ 的最大值点和最大值的相反数。

例 9 - 1　求函数 $f(x) = x^2 + 3x + 2$ 在区间 $[-5, 5]$ 上的最小值点和最小值。

在命令窗口中输入如下命令：

```
[x,y] = fminbnd('x^2 + 3 * x + 2', - 5,5)
```

执行命令后，返回结果：

```
x =
    - 1.5000
y =
    - 0.2500
```

说明： 由于本例中的函数 $f(x)$ 表达式较为简单，可不用函数文件来定义目标函数，而是直接将函数 $f(x)$ 的表达式用单撇号(' ')引起来即可。

例 9 - 2　求 $f(x, y, z) = x + \dfrac{y^2}{4x} + \dfrac{z^2}{y} + \dfrac{2}{z}$ 在 $(0.5, 0.5, 0.5)$ 附近的最小值点和最小值。

先建立并保存函数文件 fun1.m：

```
function f = fun1(U)
x = U(1);y = U(2);z = U(3);
f = x + y^2 /(4 * x) + z^2 /y + 2 /z;
```

然后在命令窗口输入如下命令：

```
[U,y] = fminsearch('fun1',[0.5,0.5,0.5])
```

执行命令后，返回结果：

```
U =
    0.5000    1.0000    1.0000
y =
    4.0000
```

本例的求解也可直接在命令窗口输入如下命令：

```
[U,y] = fminsearch('x(1) + x(2)^2 /(4 * x(1)) + x(3)^2 /x(2) + 2 /x(3)',[0.5,0.5,0.5])
```

执行命令后,返回结果：

```
U =
    0.5000    1.0000    1.0000
y =
    4.0000
```

9.2 线性规划问题求解

线性规划主要研究线性目标函数在线性约束条件下的最值问题。线性规划问题的一般描述为

$$\min_x f(\boldsymbol{x}) = \boldsymbol{c}^{\mathrm{T}} \boldsymbol{x}$$

$$\text{s.t.} \begin{cases} \boldsymbol{A}\boldsymbol{x} \leqslant \boldsymbol{b} \\ \boldsymbol{A}_{\mathrm{eq}}\boldsymbol{x} = \boldsymbol{b}_{\mathrm{eq}} \\ \boldsymbol{l}_b \leqslant \boldsymbol{x} \leqslant \boldsymbol{u}_b \end{cases}$$

其中, $\boldsymbol{x} = (x_1, x_2, \cdots, x_n)^{\mathrm{T}}$; $\boldsymbol{c} = (c_1, c_2, \cdots, c_n)^{\mathrm{T}}$; $\boldsymbol{A}\boldsymbol{x} \leqslant \boldsymbol{b}$ 为线性不等式约束条件; $\boldsymbol{A}_{\mathrm{eq}}\boldsymbol{x} = \boldsymbol{b}_{\mathrm{eq}}$ 为等式约束条件; $\boldsymbol{l}_b$ 与 $\boldsymbol{u}_b$ 分别为 $\boldsymbol{x}$ 的下界和上界。

MATLAB 提供的求线性规划问题的函数是 linprog,其调用格式为

[x,y] = linprog(c,A,b,Aeq,beq,lb,ub):求线性规划问题的最优解 $\boldsymbol{x}$ 与最优值 y,其中 $\boldsymbol{c}$ 为目标函数对应的系数向量; $\boldsymbol{A}$, $\boldsymbol{A}_{\mathrm{eq}}$ 为矩阵, $\boldsymbol{b}$, $\boldsymbol{b}_{\mathrm{eq}}$, $\boldsymbol{l}_b$, $\boldsymbol{u}_b$ 为向量,分别是约束条件中的对应项,当某个约束条件的对应项缺少时则用空矩阵补充。

例 9-3 求解线性规划问题

$$\min_x f(x_1, x_2, x_3, x_4) = 2x_1 + 3x_2 + 6x_3 + 5x_4$$

$$\text{s.t.} \begin{cases} x_1 - x_2 - 2x_3 - 4x_4 \leqslant 0 \\ -x_2 - x_3 + x_4 \leqslant 0 \\ x_1 + x_2 + x_3 + x_4 = 1 \\ x_1, x_2, x_3, x_4 \geqslant 0 \end{cases}$$

在命令窗口输入如下命令：

```
c = [2;3;6;5];
A = [1 -1 -2 -4;0 -1 -1 1];
b = [0;0];
```

```
Aeq = [1 1 1 1];
beq = [1];
lb = [0;0;0;0];
ub = [ ];
[x, y] = linprog(c, A, b, Aeq, beq, lb, ub)
```

执行命令后,返回结果:

```
x =
    0.5000
    0.5000
    0.0000
    0.0000
y =
    2.5000
```

例 9 - 4　求解线性规划问题

$$\min_x f(x_1, x_2, x_3) = -5x_1 - 4x_2 - 6x_3$$

$$\text{s.t.}\begin{cases} x_1 - x_2 + x_3 \leqslant 20 \\ 3x_1 + 2x_2 + 4x_3 \leqslant 42 \\ 3x_1 + 2x_2 \leqslant 30 \\ x_1, x_2, x_3 \geqslant 0 \end{cases}$$

在命令窗口输入如下命令:

```
c = [ - 5; - 4; - 6];
A = [1 - 1 1;3 2 4;3 2 0];
b = [20;42;30];
Aeq = [ ];
beq = [ ];
lb = [0;0;0];
ub = [ ];
[x, y] = linprog(c, A, b, Aeq, beq, lb, ub)
```

执行命令后,返回结果:

```
x =
    0.0000
   15.0000
    3.0000
y =
  - 78.0000
```

9.3 二次规划问题求解

二次规划主要研究二次目标函数在线性约束条件下的最值问题。二次规划问题的一般描述为

$$\min_{x} f(\boldsymbol{x}) = \frac{1}{2}\boldsymbol{x}^{\mathrm{T}}\boldsymbol{H}\boldsymbol{x} + \boldsymbol{c}^{\mathrm{T}}\boldsymbol{x}$$

$$\mathrm{s.t.} \begin{cases} \boldsymbol{Ax} \leqslant \boldsymbol{b} \\ \boldsymbol{A}_{\mathrm{eq}}\boldsymbol{x} = \boldsymbol{b}_{\mathrm{eq}} \\ \boldsymbol{l}_{b} \leqslant \boldsymbol{x} \leqslant \boldsymbol{u}_{b} \end{cases}$$

其中，$\boldsymbol{x} = (x_1, x_2, \cdots, x_n)^{\mathrm{T}}$；$\boldsymbol{c} = (c_1, c_2, \cdots, c_n)^{\mathrm{T}}$，$\boldsymbol{H} = (h_{ij})_{n \times n}$；$\boldsymbol{Ax} \leqslant \boldsymbol{b}$ 为线性不等式约束条件；$\boldsymbol{A}_{\mathrm{eq}}\boldsymbol{x} = \boldsymbol{b}_{\mathrm{eq}}$ 为等式约束条件；$\boldsymbol{l}_b$ 与 $\boldsymbol{u}_b$ 分别为 $\boldsymbol{x}$ 的下界和上界。

MATLAB 提供的求线性规划问题的函数是 quadprog，其调用格式为

[x,y]＝quadprog(H,c,A,b,Aeq,beq,lb,ub)：求二次规划问题的最优解 $\boldsymbol{x}$ 与最优值 y，其中 $\boldsymbol{H}$ 为目标函数二次项对应的矩阵，$\boldsymbol{c}$ 为目标函数一次项对应的系数向量；$\boldsymbol{A}$，$\boldsymbol{A}_{\mathrm{eq}}$ 为矩阵，$\boldsymbol{b}$，$\boldsymbol{b}_{\mathrm{eq}}$，$\boldsymbol{l}_b$，$\boldsymbol{u}_b$ 为向量，分别是约束条件中的对应项，当某个约束条件的对应项缺少时则用空矩阵补充。

例 9 - 5 求解二次规划问题

$$\min_{x} f(x_1, x_2) = \frac{1}{2}x_1^2 + x_2^2 - x_1 x_2 - 2x_1 - 6x_2$$

$$\mathrm{s.t.} \begin{cases} x_1 + x_2 \leqslant 2 \\ -x_1 + 2x_2 \leqslant 2 \\ 2x_1 + x_2 = 3 \\ x_1, x_2 \geqslant 0 \end{cases}$$

【分析】将目标函数化为标准形式

$$\begin{aligned} f(x_1, x_2) &= \frac{1}{2}x_1^2 + x_2^2 - x_1 x_2 - 2x_1 - 6x_2 \\ &= \frac{1}{2}(x_1 \quad x_2)\begin{pmatrix} 1 & -1 \\ -1 & 2 \end{pmatrix}\begin{bmatrix} x_1 \\ x_2 \end{bmatrix} + (-2 \quad -6)\begin{bmatrix} x_1 \\ x_2 \end{bmatrix} \end{aligned}$$

【编程】在命令窗口输入如下命令：

```
H = [1 -1; -1 2];
c = [-2; -6];
A = [1 1; -1 2];
```

```
b = [2;2];
Aeq = [2 1];
beq = [3];
lb = [0;0];
ub = [ ];
[x,y] = quadprog(H,c,A,b,Aeq,beq,lb,ub)
```

执行命令后，返回结果：

```
x =
    1.0000
    1.0000
y =
  - 7.5000
```

例 9 - 6　求解二次规划问题

$$\min_x f(x_1,x_2) = 2x_1^2 + 4x_2^2 - 4x_1x_2 - 6x_1 - 3x_2$$

$$\text{s.t.}\begin{cases} x_1 + x_2 \leqslant 3 \\ 4x_1 + x_2 \leqslant 9 \\ x_1, x_2 \geqslant 0 \end{cases}$$

【分析】将目标函数化为标准形式

$$f(x_1,x_2) = 2x_1^2 + 4x_2^2 - 4x_1x_2 - 6x_1 - 3x_2$$

$$= \frac{1}{2}(x_1 \quad x_2)\begin{pmatrix} 4 & -4 \\ -4 & 8 \end{pmatrix}\begin{bmatrix} x_1 \\ x_2 \end{bmatrix} + (-6 \quad -3)\begin{bmatrix} x_1 \\ x_2 \end{bmatrix}$$

【编程】在命令窗口输入如下命令：

```
H = [4 -4; -4 8];
c = [ -6; -3];
A = [1 1;4 1];
b = [3;9];
Aeq = [ ];
beq = [ ];
lb = [0;0];
ub = [ ];
[x,y] = quadprog(H,c,A,b,Aeq,beq,lb,ub)
```

执行命令后，返回结果：

```
x =
    1.9500
    1.0500
y =
  - 11.0250
```

9.4 0 - 1 规划问题求解

0 - 1 规划是决策变量仅取 0 或 1 的一类特殊整数规划。0 - 1 规划问题的一般描述为

$$\min_x f(\boldsymbol{x}) = \boldsymbol{c}^{\mathrm{T}} \boldsymbol{x}$$

$$\mathrm{s.t.} \begin{cases} \boldsymbol{A}\boldsymbol{x} \leqslant \boldsymbol{b} \\ \boldsymbol{A}_{\mathrm{eq}}\boldsymbol{x} = \boldsymbol{b}_{\mathrm{eq}} \\ \boldsymbol{x} = 0, 1 \end{cases}$$

其中，$\boldsymbol{x} = (x_1, x_2, \cdots, x_n)^{\mathrm{T}}$；$\boldsymbol{c} = (c_1, c_2, \cdots, c_n)^{\mathrm{T}}$；$\boldsymbol{A}\boldsymbol{x} \leqslant \boldsymbol{b}$ 为线性不等式约束条件；$\boldsymbol{A}_{\mathrm{eq}}\boldsymbol{x} = \boldsymbol{b}_{\mathrm{eq}}$ 为等式约束条件。

MATLAB 提供的求线性规划问题的函数是 bintprog，其调用格式为

[x,y]=bintprog(c,A,b,Aeq,beq)：求 0 - 1 规划问题的最优解 $\boldsymbol{x}$ 与最优值 $\boldsymbol{y}$，其中 $\boldsymbol{c}$ 为目标函数对应的系数向量；$\boldsymbol{A}, \boldsymbol{A}_{\mathrm{eq}}$ 为矩阵，$\boldsymbol{b}, \boldsymbol{b}_{\mathrm{eq}}$ 为向量，分别是约束条件中的对应项，当某个约束条件的对应项缺少时则用空矩阵补充。

例 9 - 7 求解 0 - 1 规划问题

$$\min_x f(x_1, x_2, x_3) = -x_1 - 1.2x_2 - 0.8x_3$$

$$\mathrm{s.t.} \begin{cases} 2.1x_1 + 2x_2 + 1.3x_3 \leqslant 5 \\ 0.8x_1 + x_2 \leqslant 5 \\ x_1 + 2.5x_2 + 2x_3 \leqslant 8 \\ 2x_2 \leqslant 8 \\ x_1, x_2, x_3 = 0, 1 \end{cases}$$

在命令窗口输入如下命令：

```
c = [ -1; -1.2; -0.8];
A = [2.1 2 1.3;0.8 1 0;1 2.5 2;0 2 0];
b = [5;5;8;8];
Aeq = [ ];
beq = [ ];
[x,y] = bintprog(c,A,b,Aeq,beq)
```

执行命令后,返回结果：

```
x =
     1
     1
```

```
        0
y =
    - 2.2000
```

例 9 - 8　求解 0 - 1 规划问题

$$\min_x f(x_1, x_2, x_3) = -5x_1 - 4x_2 - 6x_3$$

$$\text{s.t.} \begin{cases} x_1 - x_2 + x_3 \leqslant 20 \\ 3x_1 + 2x_2 + 4x_3 \leqslant 42 \\ 3x_1 + 2x_2 \leqslant 30 \\ x_1, x_2, x_3 = 0, 1 \end{cases}$$

在命令窗口输入如下命令：

```
c = [ - 5; - 4; - 6];
A = [1 - 1 1;3 2 4;3 2 0];
b = [20;42;30];
Aeq = [ ];
beq = [ ];
[x, y] = bintprog (c, A, b, Aeq, beq)
```

执行命令后,返回结果：

```
x =
    1
    1
    1
y =
    - 15
```

9.5　非线性规划问题求解

非线性规划是一种目标函数或约束条件中有一个或几个非线性函数的最优化问题。非线性规划问题的一般描述为

$$\min_x f(x)$$

$$\text{s.t.} \begin{cases} \boldsymbol{A}\boldsymbol{x} \leqslant \boldsymbol{b} \\ \boldsymbol{A}_{\text{eq}}\boldsymbol{x} = \boldsymbol{b}_{\text{eq}} \\ \boldsymbol{D}(\boldsymbol{x}) \leqslant \boldsymbol{0} \\ \boldsymbol{D}_{\text{eq}}(\boldsymbol{x}) = \boldsymbol{0} \\ \boldsymbol{l}_b \leqslant \boldsymbol{x} \leqslant \boldsymbol{u}_b \end{cases}$$

其中，$x = (x_1, x_2, \cdots, x_n)^{\mathrm{T}}$；$Ax \leqslant b$ 为线性不等式约束条件；$A_{\mathrm{eq}} x = b_{\mathrm{eq}}$ 为等式约束条件；$D(x) \leqslant 0$ 为非线性不等式约束条件；$D_{\mathrm{eq}}(x) = 0$ 为非线性等式约束条件；l_b 与 u_b 分别为 x 的下界和上界。

MATLAB 提供的求非线性规划问题的函数是 fmincon，其调用格式为

[x, y] = fmincon('fun', x0, A, b, Aeq, beq, lb, ub, 'nonlcon')：求非线性规划问题的最优解 x 与最优值 y，其中 fun 为定义目标函数的函数文件名；x_0 为初始点；A, A_{eq} 为矩阵，$b, b_{\mathrm{eq}}, l_b, u_b$ 为向量，分别是约束条件中的对应项，当某个约束条件的对应项缺少时则用空矩阵补充；nonlcon 为定义非线性约束条件 $D(x) \leqslant 0$ 与 $D_{\mathrm{eq}}(x) = 0$ 的函数文件名。

例 9-9 求非线性规划问题

$$\min_x f(x_1, x_2) = x_1^3 + x_1^2 + x_2^2 - x_1 x_2 + x_2$$

$$\mathrm{s.t.} \begin{cases} x_1 + 0.5x_2 \geqslant 0.4 \\ 0.5x_1 + x_2 \geqslant 0.5 \\ x_1, x_2 \geqslant 0 \end{cases}$$

初始点取为 $x_0 = (0.5, 0.5)^{\mathrm{T}}$。

首先，建立函数文件 fun2.m 定义目标函数：

```
function f = fun2(x)
f = x(1)^3 + x(1)^2 + x(2)^2 - x(1) * x(2) + x(2);
```

然后，在命令窗口输入如下命令：

```
x0 = [0.5;0.5];
A = [-1 -0.5; -0.5 -1];
b = [-0.4; -0.5];
Aeq = [];
beq = [];
lb = [0;0];
ub = [];
nonlcon = [];
[x,y] = fmincon('fun2',x0,A,b,Aeq,beq,lb,ub,nonlcon)
```

执行命令后，返回结果：

```
x =
    0.3333
    0.3333
y =
    0.4815
```

例 9-10 求非线性规划问题

$$\min_{x} f(x_1, x_2) = e^{x_1}(4x_1^2 + 2x_2^2 + 4x_1x_2 + 2x_2 + 1)$$

$$\text{s.t.} \begin{cases} x_1 + x_2 = 0 \\ x_1x_2 - x_1 - x_2 + 1.5 \leqslant 0 \\ -x_1x_2 - 10 \leqslant 0 \end{cases}$$

初始点取为 $x_0 = (-1, 1)^T$。

首先,建立函数文件 fun3.m 定义目标函数:

```
function f = fun3(x)
f = exp(x(1)) * (4 * x(1)^2 + 2 * x(2)^2 + 4 * x(1) * x(2) + 2 * x(2) + 1);
```

其次,建立函数文件 nonlcon.m 定义非线性约束条件:

```
function [D, Deq] = nonlcon(x)
D(1) = x(1) * x(2) - x(1) - x(2) + 1.5;
D(2) = - x(1) * x(2) - 10;
Deq = [ ];
```

最后,在命令窗口输入如下命令:

```
x0 = [ - 1;1];
A = [ ];
b = [ ];
Aeq = [1 1];
beq = [0];
lb = [ ];
ub = [ ];
[x, y] = fmincon('fun3', x0, A, b, Aeq, beq, lb, ub, 'nonlcon')
```

执行命令后,返回结果:

```
x =
    - 1.2247
      1.2247
y =
      1.8951
```

本章小结

本章主要介绍了 MATLAB 求一元函数的最小值与多元函数的最小值、MATLAB 求解线性规划、二次规划、0-1 规划、非线性规划等数学规划问题。为便于读者使用,下面将本章中的主要 MATLAB 函数及其功能进行汇总。

函　数	功　　能	函　数	功　　能
fminbnd	求一元函数的最小值	quadprog	求二次规划问题的最优解
fminsearch	基于单纯形法求多元函数的最小值	bintprog	求 0 − 1 规划问题的最优解
fminunc	基于拟牛顿法求多元函数的最小值	fmincon	求非线性规划问题的最优解
linprog	求线性规划问题的最优解		

 习题 9

一、单选题

1. 下列函数中,可用于求解一元函数最小值问题的函数是(　　)。

    A. fminbnd   B. fminsearch   C. fminunc   D. linprog

2. 利用命令 quadprog(H,c,A,b,Aeq,beq,lb,ub)求解二次规划问题时,参数 H 的含义是(　　)。

    A. 定义目标函数的函数文件名   B. 目标函数二次项对应的矩阵

    C. 目标函数一次项对应的矩阵   D. 初始点

3. 利用命令 quadprog(H,c,A,b,Aeq,beq,lb,ub)求解二次规划问题时,若没有线性不等式约束条件,则下列赋值正确的是(　　)。

    A. A=[];b=[];   B. A=0;b=0;

    C. Aeq=[];beq=[];   D. Aeq=0;beq=0;

二、应用题

1. 求 $f(x) = \dfrac{\ln(1+x^2)}{x}$ $(-3 \leqslant x \leqslant 2)$ 的最小值点和最小值。

2. 求解线性规划问题

$$\min_{x} f(x_1, x_2) = 2x_1 + 3x_2$$

$$\text{s.t.} \begin{cases} x_1 + 2x_2 \leqslant 8 \\ x_1 \leqslant 4 \\ x_2 \leqslant 3 \\ x_1, x_2 \geqslant 0 \end{cases}$$

3. 求解非线性规划问题

$$\min_{x} f(x_1, x_2) = x_1^2 + x_2^2 - x_1 x_2 - 2x_1 - 5x_2$$

$$\text{s.t.} \begin{cases} (x_1 - 1)^2 - x_2 \leqslant 0 \\ -2x_1 + 3x_2 \leqslant 6 \end{cases}$$

实验 9

一、实验目的

1. 掌握函数最值问题的求解方法。
2. 掌握线性规划问题的求解方法。
3. 掌握二次规划问题的求解方法。
4. 掌握 0 - 1 规划问题的求解方法。
5. 掌握非线性规划问题的求解方法。

二、实验内容

1. 求 $f(x_1, x_2) = 60 - 10x_1 - 4x_2 + x_1^2 + x_2^2 - x_1 x_2$ 在 $(1, 1)$ 附近的最小值点与最小值。

2. 求解线性规划问题

$$\min_x f(x_1, x_2, x_3) = -x_1 - x_2 + 3x_3$$

$$\text{s.t.} \begin{cases} x_1 - 2x_2 + x_3 \leqslant 11 \\ 2x_1 + x_2 - 4x_3 \geqslant 3 \\ x_1 - 2x_2 - 1 = 0 \\ x_1, x_2, x_3 \geqslant 0 \end{cases}$$

3. 求解二次规划问题

$$\min_x f(x_1, x_2) = x_1^2 + 2x_2^2 - 2x_1 x_2 - 4x_1 - 12x_2$$

$$\text{s.t.} \begin{cases} x_1 + x_2 \leqslant 2 \\ x_1 - 2x_2 \geqslant -2 \\ 2x_1 + x_2 \leqslant 3 \\ x_1, x_2 \geqslant 0 \end{cases}$$

4. 求解 0 - 1 规划问题

$$\max_x f(x_1, x_2, x_3, x_4, x_5) = 7x_1 + 5x_2 + 9x_3 + 6x_4 + 3x_5$$

$$\text{s.t.} \begin{cases} 56x_1 + 20x_2 + 54x_3 + 42x_4 + 15x_5 \leqslant 100 \\ x_1, x_2, x_3, x_4, x_5 = 0, 1 \end{cases}$$

5. 求解非线性规划问题

$$\min_x f(x_1, x_2) = (x_1 - 3)^2 + (x_2 - 2)^2$$

$$\text{s.t.} \begin{cases} x_1^2 + x_2^2 - 5 \leqslant 0 \\ x_1 + 2x_2 - 4 = 0 \\ x_1, x_2 \geqslant 0 \end{cases}$$

10

第 十 章

MATLAB 符号运算基础

在科学研究与工程应用中,有时无须在运算时事先对变量进行赋值,而是直接把变量以符号的形式进行运算,这种运算称为符号运算。MATLAB 是通过调用集成在内部的符号运算工具包来实现符号运算。应用符号运算功能,MATLAB 能获得比数值计算更一般的结果。本章将主要介绍 MATLAB 符号对象的建立,主要包括符号变量的建立、符号表达式的建立、符号矩阵的建立;MATLAB 符号对象的基本计算,包括符号表达式的基本运算、符号矩阵的基本运算、符号变量的代换、符号对象转化为数值形式;MATLAB 符号微积分计算,包括符号极限、符号导数、符号积分、符号级数;MATLAB 符号方程求解,包括符号代数方程求解、符号微分方程求解、符号函数图形计算器的使用。

10.1 符号对象的建立

符号对象是 MATLAB 的一种数据类型,用来存储代表非数值的字符符号。符号对象包括符号常量(符号形式的数)、符号变量以及各种符号表达式(符号数学表达式、符号方程与符号矩阵)等。

10.1.1 符号变量的建立

MATLAB 提供了两种建立符号变量的方法。

1. 利用 sym 函数建立符号变量

sym 函数用于建立单个符号变量,其调用格式为

a＝sym('a'):建立符号变量 a。 其中,a 可以是一个数值常量(不加单引号),也可以是一个变量名(加单引号)。

> 说明:sym 函数一次只能定义一个符号变量。

例 10-1 考察符号变量和数值变量的差别。

在命令窗口输入如下命令:

```
a = sym('a');
b = sym('b');    %定义 2 个符号变量
x = 5;
y = -8;          %定义 2 个数值变量
w = (a + b) * (a - b)
v = (x + y) * (x - y)
```

执行命令后,分别返回结果:

```
w =
(a + b) * (a - b)
v =
    -39
```

由结果可知,定义了符号变量 a 与 b 后,这两个变量与数值变量一样可以参与运算。

例 10 - 2　比较符号常数与数值在代数运算时的差别。

在命令窗口输入如下命令:

```
a = sym(pi /3);    % 定义符号常量
b = pi /3;
k1 = sin(a)        %符号运算
k2 = sin(b)        %数值计算
```

执行命令后,分别返回结果:

```
k1 =
3^(1 /2) /2
k2 =
    0.8660
```

由结果可知,用符号常量进行计算更像在进行数学演算,得到的结果是精确数学表达式,而数值计算的结果是一个近似值。

2. 利用 syms 命令建立符号变量

syms 命令可一次定义多个符号变量,其调用格式为

syms s1 s2 s3 ⋯ sn:同时定义 n 个符号变量 $s_1, s_2, s_3, \cdots, s_n$。

说明:

（1）利用 syms 命令定义符号变量时,各符号变量不要加单引号,且各符号变量间要用空格而不要用逗号分隔。

（2）syms 命令不能建立符号常量,符号常量只能用 sym 函数建立。

例 10 - 3　多个符号变量的建立与使用示例。

在命令窗口输入如下命令：

```
syms a b pi
sin(pi /3) + sqrt(2) + a * b
```

执行命令后，返回结果：

```
ans =
a * b + 2^(1 /2) + 3^(1 /2) /2
```

10.1.2   符号表达式的建立

MATLAB 建立符号表达式的方法有两种。

1. 利用 sym 函数建立符号表达式

f＝sym('表达式')：建立符号表达式 f。

2. 利用已定义好的符号变量建立符号表达式

通过＋、－、＊、/、^等运算符以及常用的数学函数将已经定义好的符号变量组合起来建立符号表达式。

例 10-4   建立符号表达式 $f = 3x^2 - 5y + \dfrac{2xy - \ln|z|}{\sqrt{x^2 + 1}}$。

方法一：

在命令窗口输入如下命令：

```
f = sym('3 * x^2 - 5 * y + (2 * x * y - log(abs(z))) /sqrt(x^2 + 1)')
```

执行命令后，返回结果：

```
f =
3 * x^2 - 5 * y - (log(abs(z)) - 2 * x * y) /(x^2 + 1)^(1 /2)
```

方法二：

在命令窗口输入如下命令：

```
syms x y z
f = 3 * x^2 - 5 * y + (2 * x * y - log(abs(z))) /sqrt(x^2 + 1)
```

执行命令后，返回结果：

```
f =
3 * x^2 - 5 * y - (log(abs(z)) - 2 * x * y) /(x^2 + 1)^(1 /2)
```

10.1.3   符号矩阵的建立

MATLAB 建立符号矩阵的方法有两种。

1. 利用 sym 函数建立符号矩阵

A＝sym('[矩阵元素]')：建立符号矩阵 **A**，其中矩阵元素可以是任何表达式。矩阵每行内的元素用空格或逗号分隔,行与行之间用分号隔开。

2. 利用已定义好的符号变量建立符号矩阵

通过已定义好的符号变量用方括号括起来建立符号矩阵。矩阵每行内的元素用空格或逗号分隔,行与行之间用分号隔开。

例 10 - 5　建立符号矩阵 $A = \begin{bmatrix} a+b & b \times c \\ c^2 & d-1 \end{bmatrix}$。

方法一:

在命令窗口输入如下命令:

```
A = sym('[a + b b * c;c^2 d - 1]')
```

执行命令后,返回结果:

```
A =
[ a + b,    b * c]
[ c^2, d - 1]
```

方法二:

在命令窗口输入如下命令:

```
syms a b c d
A = [a + b,b * c;c^2,d - 1]
```

执行命令后,返回结果:

```
A =
[ a + b,    b * c]
[    c^2, d - 1]
```

10.2 符号对象的基本计算

10.2.1 符号表达式的基本运算

1. 四则运算

符号表达式的四则运算和数值表达式的运算一样,用+、-、*、/、^等运算符实现,但符号表达式的四则运算结果依然是一个符号表达式。

例 10 - 6　设 $f = 2x^2 + 3xy - 5, g = \cos(x+y) + e^{xy}$,求 f 与 g 的四则运算结果。

在命令窗口输入如下命令:

```
syms x y
f = 2 * x^2 + 3 * x * y - 5;
```

```
g = cos(x + y) − exp(x * y);
f + g, f − g, f * g, f /g
```

执行命令后，分别返回结果：

```
ans =
cos(x + y) − exp(x * y) + 3 * x * y + 2 * x^2 − 5
ans =
exp(x * y) − cos(x + y) + 3 * x * y + 2 * x^2 − 5
ans =
(cos(x + y) − exp(x * y)) * (2 * x^2 + 3 * y * x − 5)
ans =
(2 * x^2 + 3 * y * x − 5) /(cos(x + y) − exp(x * y))
```

2. 符号表达式的简化

MATLAB 提供了多个对符号表达式进行化简的函数，例如符号表达式的因式分解、符号表达式的合并同类项、符号表达式的展开、符号表达式的化简等，它们都是符号表达式的恒等变换，下面为各种函数的调用格式。

f＝factor(S)：对符号表达式 S 进行因式分解得符号表达式 f。

f＝expand(S)：对符号表达式 S 进行展开得符号表达式 f。

f＝collect(S)：对符号表达式 S 按默认变量进行合并同类项得符号表达式 f。

f＝collect(S,v)：对符号表达式 S 按变量 v 进行合并同类项得符号表达式 f。

f＝simplify(S)：应用函数规则对符号表达式 S 进行化简得符号表达式 f。

f＝simple(S)：调用 MATLAB 的其他函数对符号表达式 S 进行综合化简得符号表达式 f，并显示化简过程。

pretty(S)：以习惯的"数学书写"方式显示符号表达式 S。

例 10 - 7 设 $f = a^4(b^2 - c^2) + b^4(c^2 - a^2) + c^4(a^2 - b^2)$，对其进行因式分解。

在命令窗口输入如下命令：

```
syms a b c
f = a^4 * (b^2 - c^2) + b^4 * (c^2 - a^2) + c^4 * (a^2 - b^2);
f1 = factor(f)
```

执行命令后，返回结果：

```
f1 =
(b − c) * (b + c) * (a − c) * (a + c) * (a − b) * (a + b)
```

例 10 - 8 设 $f = \cos(3\arccos x)$，对其进行展开。

在命令窗口输入如下命令：

```
syms x
f = cos(3 * acos(x));
f2 = expand(f)
```

执行命令后,返回结果:

```
f2 =
4 * x^3 - 3 * x
```

例 10 - 9 设 $f = x^2 y + xy - ax^2 - bx$,对其进行合并同类项。

在命令窗口输入如下命令:

```
syms x y a
f = x^2 * y + x * y - a * x^2 - b * x;
f3 = collect(f,x)        % 按变量 x 进行合并同类项
f4 = collect(f,y)        % 按变量 y 进行合并同类项
```

执行命令后,分别返回结果:

```
f3 =
(y - a) * x^2 + (y - b) * x
f4 =
(x^2 + x) * y - a * x^2 - b * x
```

例 10 - 10 设 $f = e^{c\ln(a+b)}$,对其进行化简。

在命令窗口输入如下命令:

```
syms a b c
f = exp(c * log(a + b));
f5 = simplify(f)
```

执行命令后,返回结果:

```
f5 =
(a + b)^c
```

进一步在命令窗口输入如下命令:

```
pretty(f5)
```

执行命令后,返回结果:

```
         c
  (a + b)
```

10.2.2 符号矩阵的基本运算

一方面,由于符号矩阵也可看成是一种符号表达式,所以所有应用于符号表达式的函数都可以在矩阵意义下进行,但这些函数作用于符号矩阵时,是分别作用于矩阵的每一个元素。

另一方面,由于符号矩阵是一个矩阵,所以前面介绍的应用于数值矩阵的所有运算符和部分函数均可直接用于符号矩阵,例如 diag、triu、tril、inv、det、rank、eig 等函数均可直接应用于符号矩阵。

例 10 - 11 设符号矩阵

$$A = \begin{pmatrix} a^3 - b^3 & \sin^2\alpha + \cos^2\alpha \\ \dfrac{15xy - 3x^2}{x - 5y} & 0 \end{pmatrix}$$

将 A 进行化简,并求 A 的特征值。

在命令窗口输入如下命令:

```
syms a b x y alpha
A = [a^3 - b^3 sin(alpha)^2 + cos(alpha)^2;(15 * x * y - 3 * x^2)/(x - 5 * y) 0];
B = simplify(A)
e = simplify(eig(A))
```

执行命令后,分别返回结果:

```
B =
[ a^3 - b^3, 1]
[      - 3 * x, 0]
e =
a^3/2 - b^3/2 - (a^6 - 2 * a^3 * b^3 + b^6 - 12 * x)^(1/2)/2
a^3/2 - b^3/2 + (a^6 - 2 * a^3 * b^3 + b^6 - 12 * x)^(1/2)/2
```

例 10 - 12 求当 λ 取何值时,下列齐次线性方程组有非零解。

$$\begin{cases} (1-\lambda)x_1 - 2x_1 + 4x_3 = 0 \\ 2x_1 + (3-\lambda)x_2 + x_3 = 0 \\ x_1 + x_2 + (1-\lambda)x_3 = 0 \end{cases}$$

【分析】由代数学知识,当 $\mathrm{rank}(A) < n$ 或 $|A| = 0$ 时,齐次线性方程组 $Ax = b$ 有非零解。

【编程】在命令窗口输入如下命令:

```
syms lamda
A = [1 - lamda - 2 4;2 3 - lamda 1;1 1 1 - lamda];
a = det(A);
factor(a)
```

执行命令后,返回结果:

```
ans =
- lamda * (lamda - 2) * (lamda - 3)
```

由结果可知,当 $\lambda = 0$,$\lambda = 2$ 或 $\lambda = 3$ 时,原方程组有非零解。

10.2.3　符号变量的代换

MATLAB 提供的实现符号变量代换的函数是 subs,其调用格式为

f＝subs(S,a,b)：将符号表达式 S 中的变量 a 替换为 b，结果赋值给变量 f。其中，a 一定是符号表达式中的变量，而 b 可以是符号变量、符号常量、数值、数值数组等。

例 10 - 13　设 $f＝ax＋by＋c$，进行如下符号变量代换：

(1) $a＝\sin t, b＝\cos t$。

(2) $a＝1, b＝2, c＝3, x＝0, y＝-1$。

(3) $c＝1:2:5$。

在命令窗口输入如下命令：

```
syms a b c x y t
S = a * x + b * y + c;
f1 = subs(S,[a b],[sin(t) cos(t)])
f2 = subs(S,[a,b,c,x,y],[1,2,3,0,1])
f3 = subs(S,c,1:2:5)
```

执行命令后，分别返回结果：

```
f1 =
c + y * cos(t) + x * sin(t)
f2 =
5
f3 =
[ a * x + b * y + 1, a * x + b * y + 3, a * x + b * y + 5]
```

10.2.4　符号对象转化为数值形式

在很多问题中，MATLAB符号运算的目的是为了获得最终的数值解，此时需要将符号对象转化为数值形式。MATLAB 提供了两种将符号对象转化为数值形式的函数，下面为它们的调用格式。

a＝eval(S)：将不含变量的符号对象 S 转换为数值形式，返回的结果 a 为数值类型。

a＝vpa(S)：求符号对象 S 对应的精确值，返回的结果 a 为符号对象类型。

a＝vpa(S,d)：求符号对象 S 具有 d 位精度的精确值，返回的结果 a 为符号对象类型。

例 10 - 14　设符号常量 $s＝e^{\sqrt{79}\pi}$，符号矩阵 $\boldsymbol{A}＝\begin{bmatrix} a & \sin\pi/6 \\ e^2 & b \end{bmatrix}$，将 s 与 $\boldsymbol{A}$ 转化为数值形式。

在命令窗口输入如下命令：

```
s = sym(exp(sqrt(79) * pi));
A = sym('[a sin(pi/6);exp(2) b]');
s1 = eval(s)        % 将 s 转化为数值
s2 = vpa(s)         % 将 s 转化为精确值,但结果为符号类型
A1 = vpa(A,5)       % 求 A 具有 5 位精度的精确值
```

执行命令后，分别返回结果：

```
s1 =
    1.3392e+12
s2 =
1339190288739.15283203125
A1 =
[     a, 0.5]
[ 7.3891,   b]
```

10.3 符号微积分运算

利用数值计算只能求出导数和积分的近似结果,而无法得到其精确结果。在 MATLAB 中,利用符号运算可获得导数与积分的精确结果。

10.3.1 符号极限

MATLAB 提供的求符号函数极限的函数是 limit,下面为其调用格式。

s=limit(f,x,a):求符号变量 x 趋近于 a 时符号函数 $f(x)$ 的极限值,结果赋值给变量 s。

s=limit(f,x,a,'right'):求符号变量 x 从右侧趋近于 a 时符号函数 $f(x)$ 的右极限值,结果赋值给变量 s。

s=limit(f,x,a,'left'):求符号变量 x 从左侧趋近于 a 时符号函数 $f(x)$ 的左极限值,结果赋值给变量 s。

例 10-15 求下列极限。

(1) $\lim\limits_{x \to 1} \dfrac{x^m - 1}{x^n - 1}$;

(2) $\lim\limits_{x \to \infty} \left(\dfrac{2x + 3}{2x + 1}\right)^{x+1}$;

(3) $\lim\limits_{x \to 0^+} e^{\frac{1}{x}}$;

(4) $\lim\limits_{x \to 0^-} e^{\frac{1}{x}}$。

在命令窗口输入如下命令:

```
syms x m n
f1 = (x^m-1)/(x^n-1);
c1 = limit(f1,x,1)          % 求极限(1)
f2 = ((2*x+3)/(2*x+1))^(x+1);
c2 = limit(f2,x,inf)        % 求极限(2)
f3 = exp(1/x);
c3 = limit(f3,x,0,'right')  % 求极限(3)
c3 = limit(f3,x,0,'left')   % 求极限(4)
```

执行命令后,分别返回结果:

```
c1 =

m /n

c2 =

exp(1)

c3 =

Inf

c3 =

0
```

10.3.2　符号导数

在 MATLAB 中,用于符号对象求导或求偏导的函数是 diff,下面为其调用格式。

f=diff(s,v):求符号对象 s 关于变量 v 的一阶导数或偏导数,结果赋值给变量 f。当符号对象 s 仅有一个变量时,v 可省略。

f=diff(s,v,n):求符号对象 s 关于变量 v 的 n 阶导数或偏导数,结果赋值给变量 f。当 $n=1$ 时,等价于命令 diff(s,v);当符号对象 s 仅有一个变量时,v 可省略。

例 10 - 16　求下列导数或偏导数。

(1) 设 $f(x)=x\sin x$,求 $\dfrac{\mathrm{d}f}{\mathrm{d}x},\dfrac{\mathrm{d}^2f}{\mathrm{d}x^2}$。

(2) 设 $\boldsymbol{A}=\begin{bmatrix} a & t^5 \\ t\sin x & \ln x \end{bmatrix}$,求 $\dfrac{\partial \boldsymbol{A}}{\partial x},\dfrac{\partial^2 \boldsymbol{A}}{\partial t^2},\dfrac{\partial^2 \boldsymbol{A}}{\partial x\partial t}$。

(3) 设 $\begin{cases} x=a\cos t \\ y=b\sin t \end{cases}$,求 $\dfrac{\mathrm{d}y}{\mathrm{d}x}$。

(4) 设隐函数 $z=f(x,y)$ 是由方程 $x^2+y^2+z^2=a^2$ 确定,求 $\dfrac{\partial z}{\partial x},\dfrac{\partial z}{\partial y}$。

在命令窗口输入如下命令:

```
syms x y a b t z
f = x * sin(x);
f_x = diff(f)              % 求(1)
f_x2 = diff(f,2)           % 求(1)
A = [a t^5;t * sin(x) log(x)];
A_x = diff(A,x)            % 求(2)
A_t2 = diff(A,t,2)         % 求(2)
A_xt = diff(diff(A,x),t)   % 求(2)
f1 = a * cos(t);
f2 = b * sin(t);
y_x = diff(f2) /diff(f1)        % 根据参数方程求导公式求(3)
F = x^2 + y^2 + z^2 - a^2;
z_x = - diff(F,x) /diff(F,z)    % 根据隐函数求导公式求(4)
z_y = - diff(F,y) /diff(F,z)    % 根据隐函数求导公式求(4)
```

执行命令后,分别返回结果:

```
f_x =
sin(x) + x * cos(x)
f_x2 =
2 * cos(x) - x * sin(x)
A_x =
[     0,    0]
[ t * cos(x), 1 /x]
A_t2 =
[ 0, 20 * t^3]
[ 0,      0]
A_xt =
[ 0, 0]
[ cos(x), 0]
y_x =
- (b * cos(t)) /(a * sin(t))
z_x =
- x /z
z_y =
- y /z
```

10.3.3   符号积分

在 MATLAB 中,用于符号对象求不定积分和求定积分的函数都是 int,下面为其调用格式。

f=int(s,v):求符号对象 s 关于变量 v 的不定积分,结果赋值给变量 f。 当符号对象 s 仅有一个变量时,v 可省略。

k=int(s,v,a,b):求符号对象 s 关于变量 v 在区间 $[a,b]$ 上的定积分,结果赋值给变量 k。 当符号对象 s 仅有一个变量时,v 可省略。

例 10-17   求下列积分。

(1) 已知导函数 $\dfrac{\mathrm{d}\boldsymbol{f}}{\mathrm{d}x} = \begin{pmatrix} 2x & \sin x \\ 1/x & a^x \end{pmatrix}$,求原函数 $\boldsymbol{f}(x)$。

(2) 求 $\displaystyle\int \mathrm{e}^x \sin x \, \mathrm{d}x$。

(3) 求 $\displaystyle\int_{-\infty}^{+\infty} \dfrac{1}{1+x^2}\mathrm{d}x$。

(4) 求 $\displaystyle\int_3^1 |2-x| \, \mathrm{d}x$。

在命令窗口输入如下命令:

```
syms x n a
df = [2 * x sin(x);1 /x a^x];
f1 = int(df, x)              % 求(1)
s1 = exp(x) * sin(x);
f2 = int(s1)                 % 求(2)
s2 = 1 /(1 + x^2);
a1 = int(s2, x, - inf, inf)      % 求(3)
s3 = abs(2 - x);
a2 = int(s3, 1, 3)               % 求(4)
```

执行命令后,分别返回结果:

```
f1 =
[  x^2,      - cos(x)]
[ log(x), a^x /log(a)]
f2 =
- (exp(x) * (cos(x) - sin(x))) /2
a1 =
pi
a2 =
1
```

10.3.4 符号级数

1. 级数符号求和

在 MATLAB 中,提供的级数求和的函数是 symsum,其调用格式为

a＝symsum(S,v,m,n):求以符号表达式 S 为通项的级数当变量 v 取 m 到 n 的所有整数时的和,结果赋值给变量 a。 当符号表达式 S 仅有一个变量时, v 可省略。

例 10-18 求下列级数的和。

(1) 求级数 $\sum\limits_{n=1}^{\infty} \dfrac{1}{n^2}$ 的和。

(2) 求幂级数 $\sum\limits_{n=0}^{\infty} \dfrac{x^n}{n+1}$ 的和函数。

在命令窗口输入如下命令:

```
syms x n
s1 = 1 /n^2;
a = symsum(s1, 1, inf)        % 求(1)
s2 = x^n /(n + 1);
b = symsum(s2, n, 0, inf)        % 求(2)
```

执行命令后,分别返回结果:

```
a =
pi^2 /6
b =
piecewise([1 < = x, Inf], [abs(x)< = 1 and x ~ = 1, − log(1 − x) /x])
```

由结果可知:

$$\sum_{n=1}^{\infty} \frac{1}{n^2} = \frac{\pi^2}{6}$$

$$\sum_{n=0}^{\infty} \frac{x^n}{n+1} = -\frac{\ln(1-x)}{x} \quad (-1 \leqslant x < 1)$$

2. 函数的 Taylor 级数

在 MATLAB 中,提供的将一个函数展开成 Taylor 级数的函数是 taylor,其调用格式为

t＝taylor(f, v, a):将函数 f 按变量 v 在 $v = a$ 处展开成 Taylor 级数(只显示到 5 次幂),结果赋值给变量 t。 当函数 f 仅有一个变量时, v 可省略。a 的默认值是 0。

例 10-19 将下列函数展开成幂级数(即在 $x = 0$ 处展开成 Taylor 级数)。

(1) 将函数 $f(x) = \dfrac{1}{1-x}$ 展开成幂级数。

(2) 将函数 $f(x) = \sin x$ 展开成幂级数。

在命令窗口输入如下命令:

```
syms x
f1 = 1 /(1 − x);
T1 = taylor(f1)      % 求(1)
f2 = sin(x);
T2 = taylor(f2)      % 求(2)
```

执行命令后,分别返回结果:

```
T1 =
x^5 + x^4 + x^3 + x^2 + x + 1
T2 =
x^5 /120 − x^3 /6 + x
```

由结果可知:

$$\frac{1}{1-x} = 1 + x + x^2 + \cdots + x^{n-1} + \cdots$$

$$\sin x = x - \frac{1}{3!}x^3 + \frac{1}{5!}x^5 + \cdots + \frac{(-1)^n}{2n+1}x^{2n+1} + \cdots$$

10.4　符号方程求解

第 8 章介绍了利用 MATLAB 求解代数方程与微分方程数值解的方法,下面介绍利用 MATLAB 符号运算求解代数方程与微分方程解析解的方法。

10.4.1　符号代数方程求解

在 MATLAB 中,符号代数方程的求解可由函数 solve 实现,下面为其调用格式。

x=solve(S,v):求解表达式 S 表示的代数方程,求解变量为 v,结果赋值给变量 x。当方程中仅有一个变量时,v 可省略。

S=solve(S1,S2,$\cdots$,Sn,v1,v2,$\cdots$,vn):求解表达式 S_1,S_2,$\cdots$,S_n 组成的代数方程组,求解变量分别 v_1,v_2,$\cdots$,v_n,结果赋值给变量 S。

> **说明:** 上述调用格式中的表达式 S 可以是方程等号右边的非零项部分移项到左边后得到的没有等号的左端表达式,也可以是由字符串表示的完整方程。

例 10 - 20　求解下列方程。

(1) $ax^2 + bx + c = 0$;(2) $2\sin(3x - \pi/4) = 1$。

在命令窗口输入如下命令:

```
syms a b c x
s1 = a * x^2 + b * x + c;
x1 = solve(s1,x)            % 求解(1)
s2 = 2 * sin(3 * x - pi /4) - 1;
x2 = solve(s2)            % 求解(2)
```

执行命令后,分别返回结果:

```
x1 =
 - (b + (b^2 - 4 * a * c)^(1 /2)) /(2 * a)
 - (b - (b^2 - 4 * a * c)^(1 /2)) /(2 * a)
x2 =
 (5 * pi) /36
(13 * pi) /36
```

对于上述两个方程的求解,也可在命令窗口输入如下命令得到同样的结果。

```
x1 = solve('a * x^2 + b * x + c = 0', 'x')
x2 = solve('2 * sin(3 * x - pi /4) = 1')
```

例 10 - 21　求解下列方程组。

$$(1)\begin{cases}\ln\dfrac{x}{y}=9\\ e^{x+y}=3\end{cases};\ (2)\begin{cases}x(x+y+z)=a\\ y(x+y+z)=b\\ z(x+y+z)=c\end{cases}。$$

在命令窗口输入如下命令：

```
syms x y z a b c
s1_1 = log(x /y) − 9;
s1_2 = exp(x + y) − 3;
[x1,y1] = solve(s1_1, s1_2, x, y)          % 求解(1)
s2_1 = x * (x + y + z) − a;
s2_2 = y * (x + y + z) − b;
s2_3 = z * (x + y + z) − c;
[x2,y2,z2] = solve(s2_1, s2_2, s2_3, x, y, z)    % 求解(2)
```

执行命令后，分别返回结果：

```
x1 =
(exp(9) * log(3)) /(exp(9) + 1)
y1 =
log(3) /(exp(9) + 1)
x2 =
  a * (1 /(a + b + c))^(1 /2)
− a * (1 /(a + b + c))^(1 /2)
y2 =
  b * (1 /(a + b + c))^(1 /2)
− b * (1 /(a + b + c))^(1 /2)
z2 =
  c * (1 /(a + b + c))^(1 /2)
− c * (1 /(a + b + c))^(1 /2)
```

对于上述两个方程组的求解，也可在命令窗口输入如下命令得到同样的结果。

```
[x1,y1] = solve('log(x /y) = 9', ' exp(x + y) = 3', 'x, y')
[x2,y2,z2] = solve(' x * (x + y + z) = a', ' y * (x + y + z) = b', ' z * (x + y + z) = c', 'x, y, z')
```

10.4.2　符号微分方程求解

在 MATLAB 中，符号常微分方程的求解可由函数 dsolve 实现，下面为其调用格式。

y＝dsolve('E', 'v')：求表达式 E 表示的常微分方程的通解，求解变量为 v，结果赋值给变量 y。

y＝dsolve('E', 'C', 'v')：求表达式 E 表示的常微分方程在初值条件 C 下的特解，求解变量为 v，结果赋值给变量 y。当方程中仅有一个变量时，v 可省略。

Y＝dsolve('E1', 'E2', …, 'En', 'v')：求解表达式 $E_1, E_2, \cdots, E_n$ 组成的常微分方程组的通解，求解变量分别为 $v_1, v_2, \cdots, v_n$，结果赋值给变量 Y。

Y＝dsolve('E1', 'E2', …, 'En', 'C1', 'C2', …, 'Cn', 'v')：求解表达式 $E_1, E_2, \cdots, E_n$ 组成的常微分方程组在初始条件 $C_1, C_2, \cdots, C_n$ 下的特解，求解变量分别为 $v_1, v_2, \cdots, v_n$，结果赋值给变量 Y。

说明：

（1）上述调用格式中的表达式 E 是采用字符串形式表示的完整常微分方程，当常微分方程右端为 0 时，符号表达式可以不包含右端项和等号，而仅列出左端的表达式；初值条件 C 也是采用字符串形式表示的完整形式。

（2）在 MATLAB 符号微分方程求解中，用 Dny 表示" y 的 n 阶导数"，例如，Dy 表示 y'，D2y 表示 y''，Dy(0)＝1 表示初值条件 $y'(0)=1$。于是，微分方程初值问题

$$\begin{cases} x^2 \dfrac{\mathrm{d}^2 y}{\mathrm{d} x^2} + 4x \dfrac{\mathrm{d} y}{\mathrm{d} x} + 2y = 0 \\ y(1) = 2 \\ y'(1) = -3 \end{cases}$$

应表示为如下命令：

x^2 * D2y＋4 * x * Dy＋2y＝0

y(1)＝2

Dy(1)＝−3

例 10-22　求解下列微分方程(组)。

(1) 求微分方程 $x^2 y'' - xy' + y = x \ln x$ 在初值条件 $y(1)=y'(1)=1$ 下的特解。

(2) 求微分方程组的通解

$$\begin{cases} \dfrac{\mathrm{d} x}{\mathrm{d} t} = y \\ \dfrac{\mathrm{d} y}{\mathrm{d} t} = -x \end{cases}$$

在命令窗口输入如下命令：

```
y1 = dsolve('x^2 * D2y − x * Dy + y = x * log(x)', 'y(1) = 1', 'Dy(1) = 1', 'x')    % 求解(1)
[x2, y2] = dsolve('Dx = y', 'Dy = − x', 't')    % 求解(2)
```

执行命令后，分别返回结果：

```
y1 =
x + (x * log(x)^3) /6
x2 =
C13 * cos(t) + C12 * sin(t)
y2 =
C12 * cos(t) − C13 * sin(t)
```

10.5 符号函数图形计算器

对于习惯使用计算器或者只想做一些简单的符号运算和图形显示的用户，MATLAB 提供的图示化符号函数计算器是一种较好的选择。符号函数图形计算器的功能虽然简单，但操作方便，可视性强。

10.5.1 符号函数图形计算器界面

在 MATLAB 命令窗口中输入命令 funtool 即可打开符号函数图形计算器的界面，如图 10 - 1 所示。

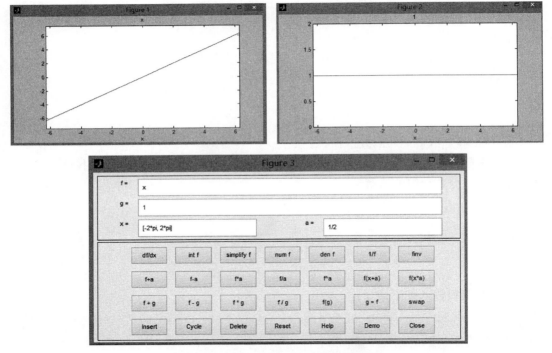

图 10 - 1 符号函数图形计算器的界面

符号函数图形计算器的界面由 2 个图形窗口和 1 个函数运算控制窗口组成，3 个窗口相互独立。

在任何时候，2 个图形窗口只有其中 1 个处于被激活的状态，被激活的的图形窗口随着函数运算控制窗口的操作做相应的变化。

在函数运算控制窗口中，有 4 个输入框 f、g、x、a 供用户对要操作的函数进行输入，其中 f 为图像窗口 1（Figure 1）输入的控制函数，其默认表达式为 x；g 为图像窗口 2（Figure 2）输入的控制函数，其默认表达式为 1；x 为函数自变量的取值范围，其默认值为

$[-2\pi, 2\pi]$；a 为用于各种计算的常数，其默认值为 $1/2$。

10.5.2 符号函数图形计算器的按钮操作

函数运算控制窗口一有 4 行 7 列共 28 个按钮。每一行按钮代表一类操作：第 1 行按钮为函数自身的运算、第 2 行按钮为函数与常数之间的运算、第 3 行按钮为两函数间的运算、第 4 行按钮为对系统操作。

1. 函数自身的运算

函数运算控制窗口的第 1 行按钮用于函数自身的运算，各个按钮的功能如表 10 - 1 所示。

表 10 - 1 函数自身的运算按钮及其功能

按　　钮	功　　能
df/dx	计算函数 $f(x)$ 对 x 的导数
int f	计算函数 $f(x)$ 的不定积分
simple f	对函数 $f(x)$ 进行最简式化简
num f	提取函数 $f(x)$ 的分子，并赋予 f
den f	提取函数 $f(x)$ 的分母，并赋予 f
1/f	计算函数 $f(x)$ 的倒函数
finv f	求函数 $f(x)$ 的反函数

例 10 - 23 符号函数图形计算器绘制 $f(x) = \cos x$（$-2\pi \leqslant x \leqslant 2\pi$）的导函数、不定积分函数、反函数的图形。

在函数运算控制窗口的输入框 f 中输入 $\cos(x)$ 并回车，图形窗口 1 中即刻绘制出 $f(x) = \cos x$（$-2\pi \leqslant x \leqslant 2\pi$）的曲线。点击按钮 df/dx 后，输入框 f 内即刻变成 $-\sin(x)$，同时在图形窗口 1 中绘制出导函数 $f'(x) = -\sin x$ 的曲线；依次点击按钮 int f、finv f，输入框 f 内即刻依次变成 $\sin(x)$、$\mathrm{acos}(x)$，同时依次绘制出积分函数 $\int f(x)\mathrm{d}x = \sin x$ 与反函数 $f^{-1}(x) = \arccos x$ 的曲线，如图 10 - 2 所示。

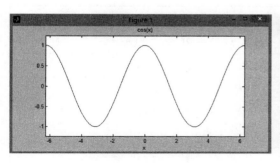
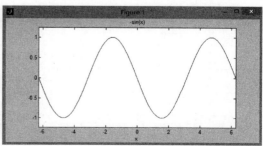

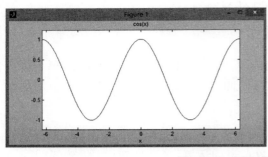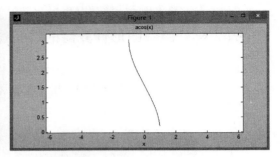

图 10-2　函数自身的运算按钮操作

2. 函数与常数间的运算

函数运算控制窗口的第 2 行按钮用于函数与常数间的运算,各个按钮的功能见表 10-2 所示。

表 10-2　函数与常数间的运算按钮及其功能

按　钮	功　能
f+a	计算 $f(x)+a$
f−a	计算 $f(x)-a$
f∗a	计算 $f(x)\times a$
f/a	计算 $f(x)\div a$
f^a	计算 $f^a(x)$
f(x+a)	计算 $f(x+a)$
f(x∗a)	计算 $f(ax)$

3. 两函数间的运算

函数运算控制窗口的第 3 行按钮用于两函数间的运算,各个按钮的功能见表 10-3 所示。

表 10-3　函数与常数间的运算按钮及其功能

按　钮	功　能
f+g	计算 $f(x)+g(x)$,并赋予 f
f−g	计算 $f(x)-g(x)$,并赋予 f
f∗g	计算 $f(x)g(x)$,并赋予 f
f/g	计算 $f(x)/g(x)$,并赋予 f
f(g)	计算 $f(g(x))$
g=f	将 $f(x)$ 赋予 $g(x)$
swap	交换 $f(x)$ 与 $g(x)$

4. 对系统的操作按钮

函数运算控制窗口的第 4 行按钮用于对系统的操作,各个按钮的功能见表 10 - 4 所示。

表 10 - 4　对系统的操作按钮及其功能

按　钮	功　能
insert	把图形窗口 1 中的函数插入到计算器内含的典型函数表中
cycle	在图形窗口 1 中依次演示计算器内含的典型函数表中的函数图形
delete	从内含的典型函数演示表中删除图形窗口 1 中的函数
reset	重置符号函数图形计算器的功能
help	符号函数图形计算器的在线帮助
demo	演示符号函数图形计算器的功能
close	关闭符号函数图形计算器

 习题 10

一、单选题

1. 同时建立多个符号变量的 MATLAB 函数为(　　　)。

A. sym　　　　　　B. syms　　　　　　C. symbol　　　　　　D. symbols

2. 设 a=sym(4),则 1/a+1/a 的值是(　　　)。

A. 0.5　　　　　　B. 1/2　　　　　　C. 1/4+1/4　　　　　　D. 2/a

3. 对符号表达式进行因式分解的 MATLAB 函数为(　　　)。

A. collect　　　　B. expand　　　　C. factor　　　　D. simple

4. 计算符号矩阵的特征值可用 MATLAB 函数(　　　)。

A. diag　　　　　　B. triu　　　　　　C. det　　　　　　D. eig

5. 将函数展开成幂级数的 MATLAB 函数是(　　　)。

A. tailor　　　　　B. tayler　　　　　C. taylor　　　　　D. diff

二、填空题

1. 在 MATLAB 中,_____函数不仅可以计算数值矩阵的逆矩阵,也可计算符号矩阵的逆矩阵。

2. 在 MATLAB 中,_____函数不仅可以计算向量的向前差分,也可计算函数的符号导数。

3. 在 MATLAB 符号运算中,y 的二阶导数应表示为_____ 。

4. 在命令窗口中输入如下命令:

```
syms n
s = symsum(n, 1, 10)
```

执行命令后，s 的值为_____。

5. 在 MATLAB 命令窗口中输入命令_____ 即可打开符号函数图形计算器的界面。

三、应用题

1. 设 $f(x) = x^3 + x^2 - x - 1$，对 $f(x)$ 进行因式分解。

2. 设 $f(x) = x^3 + 3x^2 + 3x + 1$，对 $f(x)$ 进行化简。

3. 求下列极限。

    (1) $\lim\limits_{x \to a} \dfrac{\sqrt[m]{x} - \sqrt[m]{a}}{x - a}$；   (2) $\lim\limits_{x \to 0^+} \dfrac{|x|}{x}$。

4. 已知 $f = \dfrac{x e^y}{y^2}$，求 $\dfrac{\partial f}{\partial x}, \dfrac{\partial^2 f}{\partial x \partial y}$。

5. 求下列积分。

    (1) $\displaystyle\int \dfrac{\mathrm{d}x}{(\arcsin x)^2 \sqrt{1 - x^2}}$；   (2) $\displaystyle\int_0^{+\infty} \dfrac{2\sin\omega}{\omega} \mathrm{d}\omega$。

6. 求级数 $\sum\limits_{n=1}^{\infty} (-1)^{n-1} \dfrac{2n-1}{2^{n-1}}$ 的和。

7. 将函数 $f(x) = \dfrac{1}{1+x}$ 展开成幂级数。

8. 求下列方程的符号解。

    (1) $\ln(1+x) - \dfrac{5}{1+\sin x} = 2$；   (2) $\begin{cases} \sqrt{x^2 + y^2} - 100 = 0 \\ 3x + 5y - 8 = 0 \end{cases}$。

9. 求解下列微分方程。

    (1) 求微分方程 $y' = e^{x-2y}$ 在初值条件 $y(0) = 0$ 下的符号特解。

    (2) 求微分方程 $y'' - 5y' + 6y = x e^{2x}$ 的符号通解。

实验 10

一、实验目的

1. 掌握建立符号对象的方法。

2. 掌握符号对象的基本运算。

3. 掌握求符号极限、符号导数、符号积分的方法。

4. 掌握求符号代数方程、符号常微分方程的方法。

二、实验内容

1. 完成下列操作。

    (1) 已知 $c = 12345678901234567890$，对 c 进行质因子分解。

    (2) 设 $f(x) = (x+y)^4$，将 $f(x)$ 进行展开。

    (3) 设 $f(x) = -ax e^{-cx} + b e^{-cx}$，对 $f(x)$ 按 e^{-cx} 合并同类项。

    (4) 设 $f = \sin\beta_1 \cos\beta_2 - \cos\beta_1 \sin\beta_2$，对 f 进行化简。

2. 求下列极限。

(1) $\displaystyle\lim_{x\to 0}\frac{x(e^{\sin x}+1)-2(e^{\tan x}-1)}{\sin^3 x}$；

(2) $\displaystyle\lim_{n\to\infty}\left(1+\frac{1}{n}\right)^{\frac{2n^3}{n^2+1}}$；

(3) $\displaystyle\lim_{x\to -1^+}\frac{\sqrt{\pi}-\sqrt{\arccos x}}{\sqrt{x+1}}$；

(4) $\displaystyle\lim_{x\to 0^-}\frac{|x|}{x}$。

3. 求下列导数。

(1) 已知 $f=\begin{pmatrix}\ln x & a^x \\ e^{bx} & \tan x\end{pmatrix}$，求 $\dfrac{\mathrm{d}f}{\mathrm{d}x},\dfrac{\mathrm{d}^2f}{\mathrm{d}x^2}$。

(2) 已知 $f=x^{yz}$，求 $\dfrac{\partial f}{\partial x},\dfrac{\partial^3 f}{\partial x^2\partial y}$。

4. 求下列积分。

(1) 已知导函数 $\dfrac{\mathrm{d}f}{\mathrm{d}x}=\begin{pmatrix}\dfrac{1}{a^2+x^2} & \tan x \\[2mm] \cot x & \dfrac{1}{\sin x}\end{pmatrix}$，求原函数 $f(x)$。

(2) 分别利用数值积分与符号积分计算 $\displaystyle\int_0^1 x(2-x^2)^{12}\mathrm{d}x$，并对结果进行比较。

5. 求幂级数 $\displaystyle\sum_{n=1}^{\infty}\frac{n(n+1)}{2}x^{n-1}$ 的和函数。

6. 将函数 $f(x)=(1+x)^m$ 展开成幂级数。

7. 求解下列方程。

(1) 求方程 $\ln(1+x)-\dfrac{5}{1+\sin x}=2$ 的符号解。

(2) 设有关于 x,y,z 的方程组

$$\begin{cases}y^2-z^2=x^2 \\ y+z=a \\ x^2-bx=c\end{cases}$$

首先求该方程组的符号解，然后求当 $a=1,b=2,c=3$ 时方程组的解。

8. 求解下列微分方程。

(1) 求微分方程 $y'-xy'=a(x^2+y')$ 的符号通解。

(2) 求微分方程 $y''+y+\sin 2x=0$ 在初值条件 $y(\pi)=1$ 与 $y'(\pi)=1$ 下的符号特解。

参考文献

1. 刘卫国.MATLAB 程序设计与应用(第 3 版)[M].北京:高等教育出版社,2017.

2. 肖筱南.现代数值计算方法(第 2 版)[M].北京:北京大学出版社,2016.

3. 孙忠贵.数字图像处理基础与实践(MATLAB 版)[M].北京:清华大学出版社,2016.

4. 李柏年,吴礼滨.MATLAB 数据分析方法[M].北京:机械工业出版社,2012.

5. 张志涌,杨祖樱.MATLAB 教程 R2010a[M].北京:北京航空航天大学出版社,2010.

6. 何坚勇.最优化方法[M].北京:清华大学出版社,2007.

7. 飞思科技产品研发中心.MATLAB 7 基础与提高[M].北京:电子工业出版社,2005.

8. 黄忠霖,黄京.MATLAB 符号运算及其应用[M].北京:国防工业出版社,2004.

9. 苏金明,王永利.MATLAB 7.0 实用指南(上册)[M].北京:电子工业出版社,2004.

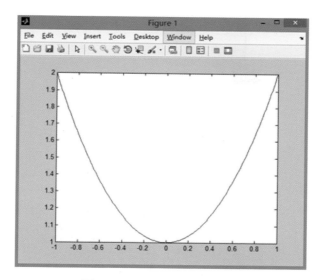

图 1-7　MATLAB 绘图演示

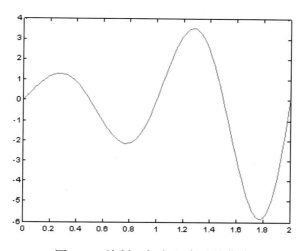

图 6-1　绘制一般方程表示的曲线

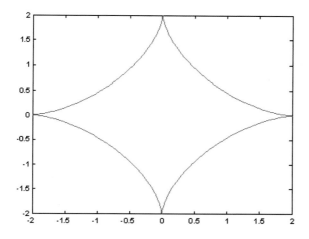

图 6-2　绘制参数方程表示的曲线

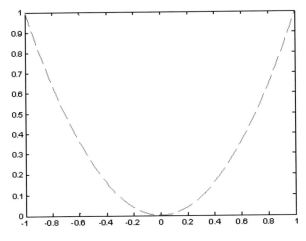

图 6-3　绘制指定颜色和线型的曲线

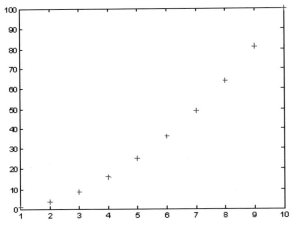

图 6-4　绘制指定颜色和标记符号的数据点

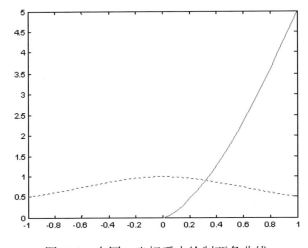

图 6-5　在同一坐标系内绘制两条曲线

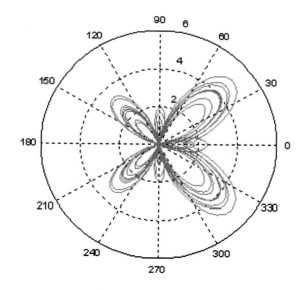

图 6-6　绘制极坐标图

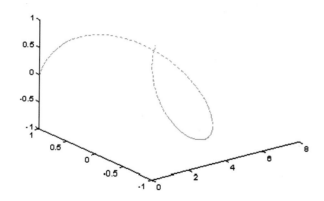

图 6-7　绘制指定颜色和线型的三维曲线

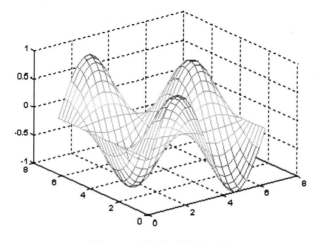

图 6-8　绘制网格曲面图

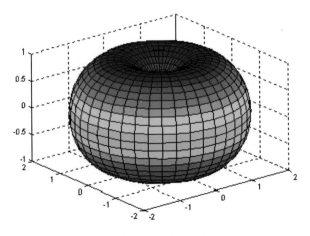

图 6-9　绘制曲面图

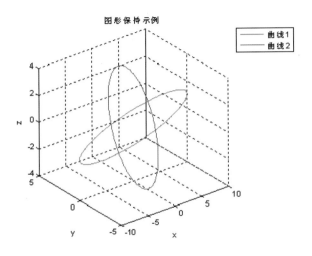

图 6-10　利用图形保持绘制两条三维曲线

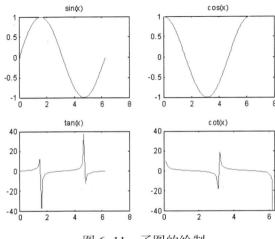

图 6-11　子图的绘制

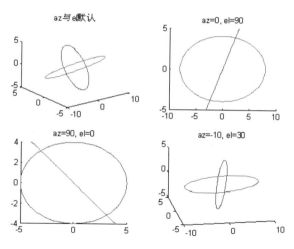

图 6-13 不同视点观察三维图形

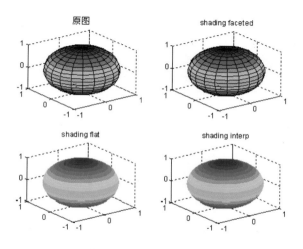

图 6-14 曲面的不同着色方式

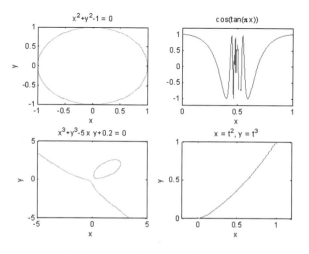

图 6-15 隐函数二维绘图

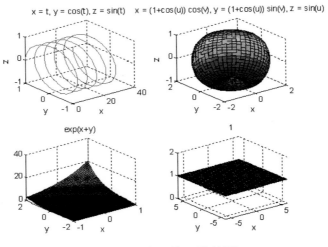

图 6-16　隐函数三维绘图

图 7-1　图像的显示

图 7-3　图像类型的转换

原图 灰度级线性变换

灰度级加权至更高 灰度级倒变换

图 7-11　图像的灰度变换

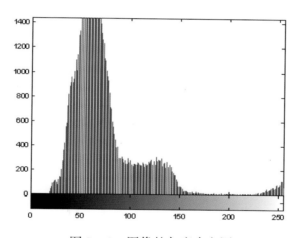

图 7-12　图像的灰度直方图

原图 原图的直方图

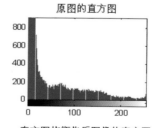

直方图均衡化后的图像 直方图均衡化后图像的直方图

图 7-13　灰度直方图均衡化

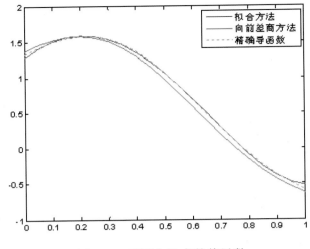

图 8-6　不同方法求数值导数

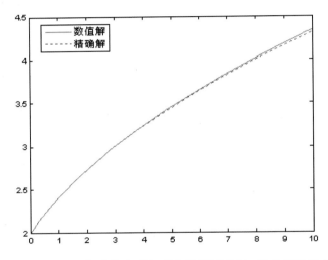

图 8-7　一阶常微分方程初值问题数值解与精确解的比较